全国新农科水产教育联盟系列教材

教育部精品视频公开课『水产学专业导论』配套教材

# 蓝色粮仓

## ——水产学专业导论

LANSE LIANGCANG

—— SHUICHANXUE ZHUANYE DAOLUN

麦康森　温海深　主编



中国农业出版社
北　京

# 内容简介

《蓝色粮仓——水产学专业导论》为教育部精品视频公开课“水产学专业导论”配套教材，吸纳国内著名科学家、教育家、青年骨干教师 40 余人参与课程建设与教材编写，麦康森院士任第一主编。教材共分十章：水产学概览、水产养殖生态学、水产生物遗传育种、水产动物营养与饲料、水产动物医学、水产养殖技术与环境安全、渔业资源与管理、海洋牧场、渔业工程与技术、水族与休闲渔业，涵盖水产养殖学、海洋渔业科学与技术、水族科学与技术、水生动物医学 4 个水产类专业重要知识点。本教材主要面向水产类专业本科新生，非水产类本科生或研究生，以及对水产类专业感兴趣的社会人士。

# 全国新农科水产教育联盟系列教材
# 编写建设委员会

# 编写人员名单

**主　编**　麦康森（中国海洋大学）

温海深（中国海洋大学）

**副主编**（以姓氏笔画为序）

万　荣（上海海洋大学）

杨红生（中国科学院海洋研究所）

梁振林（山东大学）

**参　编**（以姓氏笔画为序）

丁　君（大连海洋大学）
王　玮（青岛水族馆）
王　慧（山东农业大学）
王志勇（集美大学）
王春芳（华中农业大学）
王爱民（海南大学）
王淑红（集美大学）
冯　琳（四川农业大学）
邢　婧（中国海洋大学）
任一平（中国海洋大学）
刘　涛（厦门大学）
刘　鹰（浙江大学）
刘家寿（中国科学院水生生物研究所）
关长涛（中国水产科学研究院黄海水产研究所）
杜震宇（华东师范大学）
李　琪（中国海洋大学）
李吉方（中国海洋大学）
李培良（浙江大学）
李景玉（中国海洋大学）
邱盛尧（烟台大学）
宋协法（中国海洋大学）
迟　恒（中国海洋大学）
张文兵（中国海洋大学）
张沛东（中国海洋大学）
张美昭（中国海洋大学）
陈再忠（上海海洋大学）
郑小东（中国海洋大学）
单秀娟（中国水产科学研究院黄海水产研究所）

单洪伟（中国海洋大学）
姚维志（西南大学）

高勤峰（中国海洋大学）
唐衍力（中国海洋大学）
常亚青（大连海洋大学）
绳秀珍（中国海洋大学）
董双林（中国海洋大学）
薛　敏（中国农业科学院饲料研究所）

战文斌（中国海洋大学）
徐东坡（中国水产科学研究院淡水渔业研究中心）
唐小千（中国海洋大学）
黄六一（中国海洋大学）
章守宇（上海海洋大学）
董云伟（中国海洋大学）
潘鲁青（中国海洋大学）

中国是水产大国，多年来水产养殖产量居于世界首位，水产品是人类的优质蛋白源，是国家粮食安全和大食物观的重要组成部分。蓝色粮仓是以优质蛋白高效供给和拓展我国粮食安全的战略空间为目标，利用海洋和内陆水域环境和资源，通过创新驱动产业转型升级，培育农业发展新动能，基于生态优先、陆海统筹、三产融合构建具有国际竞争力的新型渔业生产体系。随着中国人口增长和收入水平提高，水产品需求将进一步增长，人们对美好物质文化生活需求的向往成就了以高档、新鲜、健康、新奇为特征的现代海鲜饮食文化。海洋牧场是渔业生产的新模式，也是海洋产业的新业态。海洋牧场建设是践行“两山”理念的重要实践和应对“双碳”目标的有效途径，已成为新时期生态文明建设的重要关注点与关键发力点。

2013年，中国海洋大学主持并录制完成了教育部导论类精品视频课程建设项目——“水产学专业导论”精品视频公开课，并于2014年在“爱课程”网和“网易公开课”上线运行。近10年间，水产学科、专业与行业发展迅速，对水产类教育教学提出了新要求。按照国家一流课程建设原则，我们对课程进行了升级，突出国家最新战略，特别是党的二十大精神、粮食安全、大食物观、乡村振兴、一带一路、海洋强国、新农科建设等内容，并编纂了本配套教材。新升级的课程视频见智慧树网和全国新农科水产教育联盟资源共享平台网站。

本教材主要特点如下：

**1. 围绕国家教学改革的战略需求，服务教学创新。**本教材基于已经建设好的课程知识图谱和视频课程，完善知识点内容、题库建设等，探索教学实施、教学评价的新方法、新路径，激发学生学习兴趣，为教师因材施教提供科学依据。

**2. 促进水产学科与专业有机融合，构建卓越本科人才培养体系。**本教材汇集了诸多水产学科特色知识，侧重知识传授，为水产养殖技术开发提供必备的知识体系和思政案例。教材与视频课程有机结合，共同打造卓越水产类专业学生学习与交流平台，培育学生知水产、爱水产、学水产、干水产的热情。

**3. 依托全国新农科水产教育联盟，汇聚国内优势教学资源。**2020年，中国海洋大学发起成立全国新农科水产教育联盟（水产联盟），汇聚国内50余家高校、研究院所、学会与协会、龙头企业等，形成优势互补的教学资源共享平台。中国海洋大学麦康森院士作为水产联盟首届理事长（本教材主编），在联盟运行、视频课程建设、教材建设中发挥主导作用。参加本教材编写与视频课程建设的单位近20家，包括山东大学、浙江大学、厦门大学、西南大学、华中农业大学、华东师范大学、上海海洋大学、海南大学、四川农业大学、集美大学、山东农业大学、烟台大学、大连海洋大学、中国科学院海洋研究所、中国科学院水生生物研究所、中国水产科学研究院黄海水产研究所、中国水产科学研究院淡水渔业研究中心、中国农业科学研究院饲料研究所、青岛水族馆等。

**4. 突出国家新农科建设要求，助推水产业转型发展。**近10年来，现代生命与信息科技在水产领域得到广泛的应用，迫切需要学科交叉、重构水产类专业的知识体系，以适应产业发展与新农科建设要求。运用现代生命科学、物联网、大数据、人工智能等现代信息技术，深入开发和利用渔业资源，全面提高渔业综合生产力和经营管理效率，是推进渔业供给侧结构性改革，加速渔业转型升级的重要手段和有效途径。

**5. 准确把握育人目标，夯实专业思想根基。**

（1）知识目标。普及水产学基础知识和国际学科前沿技术，为水产类专业新生、社会各界人士提供内容丰富、极具趣味性的水产知识。

（2）能力目标。掌握主要水产养殖种类及其养殖模式、渔业资源保护与负责任捕捞、现代渔业工程与海洋牧场、水族与休闲渔业等重要领域知识点，拓宽学生视野和创新思维，为学生选择专业与发展方向提供指引。

（3）素质目标。秉承耕读教育理念，培养卓越水产人才。推动传统文化与现代渔业发展的有效衔接，构建新的耕读文化体系；掌握现代科技在水产业中的应用，培养富有创新精神与能力的行业领军人才。

教材出版工作得到教育部新农科建设与改革项目、中国海洋大学教材出版补贴基金资助。由于水平有限，书中不妥之处在所难免，敬请广大读者批评指正。

麦康森　温海深

2023年2月

# 目录

# 第一章 CHAPTER 1

# 水产学概览

## 第一节　水产与水产业的历史

人类的发展史是一部人类的生存史，也是人类获得食物的历史，因为食物是生命的基础。人类早期都是通过采集野生植物和猎杀野生动物为食。由于人口的增加和采集、狩猎能力的增强，以及想要在不同季节都获得均衡充足食物的需求，人类逐步学会了种植植物和养殖动物，实现了从采集、狩猎到种植、养殖的转型。

从人类驯养动物的历史看，犬是人类最早驯养的，因为犬较有灵性，更容易驯化，也是一个狩猎的好帮手。人类在大约 4 万年前，就把犬驯化了；然后是山羊和绵羊，大约在 1 万年前；猪大约在 9 000 年前；牛大约在 8 500 年前；骆驼、驴大约在 6 000 年前；马大约在 5 500 年前；猫大约在 3 500 年前；家禽大约在 3 000 年前；水产动物中的鱼大约是在 3 000 年前进行养殖的（图 1－1）。

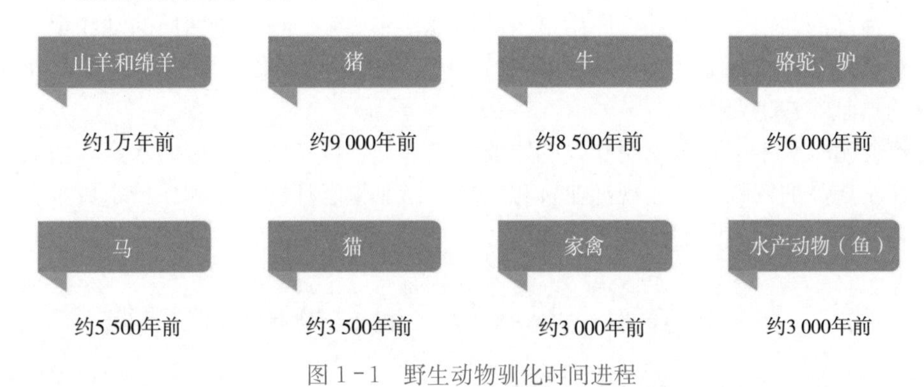


图 1－1　野生动物驯化时间进程

### 一、水产与水产业定义

水产就是在水环境中对人类具有经济价值的动植物。对中国人来说，这个范围非常之广，把认为有食用价值的腔肠动物、鱼类、虾类、贝类、藻类、棘皮动物、两栖动物、爬行动物等十大门类都称为水产，因此中国的水产包括的物种最为丰富。

与之相关的行业就叫作水产业，或者渔业，狭义的水产业包括捕捞和养殖两大行业。过去我们以为，只有人类才会使用工具，但相关证据表明，猩猩等也具有使用工具进行捕捞的行为。中国的捕捞历史悠久，现在还可以见到中国古代的一些捕捞工具如鱼钩、竹笼和罾等，也能看到我国这些捕捞工具向东南亚和非洲传播的轨迹。

广义的水产业，是指产业前后的所有生产活动，如渔具、渔船、渔业机械仪器的制造、供应与维修，渔港的辅助部门等，与捕捞、养殖、贮藏、加工、运输、销售连在一起，构成一个生产体系，又叫水产产业链。

### 二、中国的水产历史

中国是世界上记载水产养殖最早的国家。世界最早的关于养鱼的著作是 2 400 年前范蠡所著的《养鱼经》。公元 736 年唐代陆龟蒙所著的《渔具诗并序》，对渔具、渔法、捕鱼技巧等都有描述，也是中国最早的渔具渔法文献。

尽管中国有数千年的水产养殖历史，但真正快速发展是两个阶段：一是从中华人民共和国成立到改革开放前，在这期间，水产养殖发展快速，但产量还非常小，占水产品总量不足 1/4，主要还是靠捕捞。二是改革开放以后，水产养殖业得到高速发展，2021 年水产养殖产量达到 5 300 万 t，占我国水产品总量的 79%，占世界水产养殖总产量的 60%以上。这是世界瞩目的伟大成就。

美国当代最有影响力的 50 位科学家之一、环境经济学家莱斯特·布朗在 1994 年出版了《谁来养活中国》一书，这是一个惊世的疑问，既震动了世界，又惊动了中国。他担心中国人口到了 13 亿，甚至 16 亿的时候，谁来养活他们。在这之前，没几个中国人认识他，正是他这振聋发聩的惊世疑问，让许多中国人都知道了这个叫莱斯特·布朗的人。此后，中国经常请莱斯特·布朗先生到国内调研、讲课、交流。2008 年，他在北京的一次报告中作了一个惊人的结论：在过去 30 年里面，中国对世界有两大贡献——计划生育和水产养殖。在过去 30 年里，由于计划生育，中国少生了 3 亿人口。而中国水产养殖每年生产超过 3 600 万 t 优质蛋白质食物，并且是用世界最高效的动物生产技术（水产养殖是饲料效率最高的动物生产方式，即用最少的粮食，能够生产最多蛋白质的动物生产行业）。他认为对于地球在承载 70 亿人口，即将背负 100 亿人口的时候，中国这种水产养殖技术对世界的贡献非常重要。

水产养殖也是中国生态文明建设的重要组成部分。可持续、健康的水产养殖减少了人们对捕捞水产品的依赖，对实现渔业资源养护、渔业生态环境修复和保护水域生态有着重要作用，是建设美丽中国的重要组成部分。

## 第二节　世界水产现状与发展趋势和水产学简介

### 一、世界水产现状与发展趋势

未来世界的水产业如何发展？联合国粮农组织（Food and Agriculture Organization of the United Nations，FAO）预测，随着人口的增加，水产品的需求量还会不断上升，但是解决需求的主要贡献将来自水产养殖，而非捕捞。FAO 认为渔业资源养护得再好，捕捞量也只能够维持现有的产量（9 000 万 t 左右），即便有增量，也会很小，这部分增量也并不是由于渔业资源的增加造成的，而是由于捕捞强度的增加造成的，也许短期内可以获得更多的增量，但是会影响后续的发展。FAO 的期望增量主要来自水产养殖。

2009 年，*Nature* 期刊发表了一篇名为 *Future Fish* 的文章，它的结论是：要满足人们日益增长的对水产品的需求，除了养殖，别无他途。20 世纪 70 年代，人类消费的水产品，仅有6%来自水产养殖，但是到了2006年，已经有超过50%来自水产养殖，现在在中国，已经超过79%来自水产养殖。也有报道调侃地说，现在我们坐在餐馆里面点菜的时候，看到菜谱，有人在想，这条鱼到底是野生的还是人工养殖的。他的结论是，到2030年，你别琢磨，那都是养殖的。

2012年《时代周刊》上发表了一篇文章——《鱼的未来》（*The future of fish*），文中表示，我们发现现在餐桌上的动物食品基本都是人工养殖的，唯一合法的野生动物只有水产品了。如果从人类发展史上看，动物性食品总是从狩猎开始，最后必然到养殖终止，与所有动物性食品一样，水产品也逃不出这个宿命，比如中华鲟等。

世界水产正由数量型向质量型转变，由资源扩张型向资源养护和综合利用型转变，由内陆和浅海向深远海拓展，环境友好和高效、高品质渔业生产正在成为发展潮流。负责任捕捞、海洋牧场、远洋渔业、极地渔业、基因工程和分子标记辅助育种、精准营养和全周期人工配合饲料投喂、病害生态防治与养殖模式相结合、信息化智能养殖技术与装备等已成为世界水产未来的发展方向。

## 二、水产学简介

水产学是国务院学位委员会审定的国家一级学科，是一门研究水域环境中经济动植物捕捞、增养殖及理论与工程技术的综合性学科。内陆和海洋水域经济水生生物（鱼、虾、蟹、贝、藻等）的资源结构与数量变动规律、捕捞、资源养护、增殖放流、全人工养殖、收获等都属于它的研究范畴。水产学是一门交叉性科学，与湖沼学、海洋学、淡水生物学、海洋生物学、资源保护学、生态学、种群动力学、经济学、管理学等都有交叉渗透。

目前水产学主要包括捕捞学、渔业资源、水产养殖、渔业生态环境监测与评价、水产遗传育种与繁殖学、水产营养与饲料学、水产动物医学、设施渔业工程技术等方向。

### 1. 捕捞学

捕捞学是研究捕捞对象的行为特征、渔场探测技术、负责任捕捞技术、设施渔业工程技术及其相关理论的学科，其基本内涵是采用现代技术和装备，实现天然水域及其渔业资源的高效与可持续利用。

### 2. 渔业资源

渔业资源主要研究水产动植物的生活史、年龄与生长、种群组成、摄食、繁殖和洄游迁移习性等渔业生物学特征；开展渔业资源量评估方法研究和评估模型构建，并估算资源量，从而掌握渔业资源数量变动规律；研究各种捕捞方式、捕捞强度和管理措施等人类活动以及全球环境因素变化等对渔业资源的种群数量和结构动态变化的影响；探索在自然水域中增殖放流经济水生动植物的方法和手段，从而达到增加或恢复渔业资源的目的。

### 3. 水产养殖

水产养殖是研究水产动植物的生物学特性、生存规律及其与环境的互相作用联系、养殖理论与技术的应用性学科。其基本内涵是采用现代技术和管理，实现高效、安全、与社会及生态环境和谐发展，以较少的环境资源投入，产出更多安全卫生的水产品。

### 4. 渔业生态环境监测与评价

渔业生态环境监测与评价主要研究水体污染因素的生态毒理学和胁迫效应，渔业生态环境变化及极端环境因素对渔业生物的影响及调控机制，渔业生态环境衰退的监测、评价技术、预警措施及修复对策等问题，从而为防止渔业水域的荒漠化，保证渔业的可持续发展和水产品质量安全等方面提供理论和技术支撑。

5. 水产遗传育种与繁殖学

水产遗传育种与繁殖学是在种质资源评价与筛选的基础上，从群体、个体、细胞和分子水平研究水产动植物重要经济性状的遗传基础与遗传规律，并应用育种学手段实现水产动植物经济性能改良的目的。同时，研究水产动植物繁殖活动及其调控规律和调控技术，研究繁殖新理论、新方法和新技术，建立规模化繁育技术体系，为水产养殖提供高质量的苗种。

6. 水产营养与饲料学

水产营养与饲料学是一门阐明营养物质摄入、代谢过程、废物排出与水产动物生命活动之间关系的学科。主要研究水产动物的摄食行为、营养生理与营养需求特点，及其指导下的饲料配方设计、饲料添加剂及饲料加工工艺和投饲技术。同时，研究水产动物的生长、繁殖、健康、品质、安全的营养调控理论与技术，饲料配方和投饲技术与环境的可持续利用，非鱼粉蛋白源的开发利用等。

7. 水产动物医学

水产动物医学从病原学、流行病学、病理学、药理学和免疫学入手，研究水产动物疾病的病因、流行规律、致病机理、药物筛选、免疫防治与健康养殖技术等。同时，研究水环境生态系统中各生态因子的相互作用及其对水产动物健康和疾病发生的影响，为水产动物疾病的生态防控奠定理论基础。

8. 设施渔业工程技术

设施渔业工程技术根据现代渔业发展需求，围绕捕捞、集约化水产养殖、增殖工程设施展开研究。结合新技术和新材料，进行设施渔业装备的系统集成研究和技术运用，开展渔港、渔船、离岸、陆基工厂化、池塘、筏式等养殖设施以及人工渔礁等渔业工程设施的设计理论和工程技术的研究与实践，提升产业现代化水平。

## 附：线上课程学术总策划、本章线上课程教学负责人麦康森简介

麦康森，1958 年 10 月生，广东茂名人。1978 年 9 月至 1985 年 7 月在山东海洋学院（今中国海洋大学）水产系就读，先后获学士、硕士学位；1985 年 7 月至 1990 年 9 月在湛江水产学院（今广东海洋大学）任教；1990 年 10 月至 1995 年 7 月至爱尔兰国立大学开展学术访问并攻读博士学位；1995 年 8 月起在中国海洋大学工作至今。

中国工程院院士、国家海鱼产业技术体系岗位科学家、世界华人鱼虾营养学术研讨会学术指导委员会主席、国际鱼类营养学术委员会副主席、国际鲍学会理事、中国工程院第三届学术与出版委员会委员、中国水产学会副理事长、中国饲料工业协会副会长、第十三届全国政协委员。曾任中国海洋大学副校长、教育部“长江学者奖励计划”特聘教授、中国工程院农业学部副主任。

一直从事水产动物营养与饲料的教学和研发工作。创建国家级精品课程“水产动物营养与饲料学”（2010 年），教育部导论类精品视频公开课“水产学专业导论”（2014 年）；2022 年完成“蓝色粮仓——水产学专业导论”视频课程“水产学概览”部分，并在智慧树网上线。主编国家级规划教材《水产动物营养与饲料学》（第二版）（2011 年），该教材荣获 2020 年山东省高等教育优秀教材。主持的“水产养殖专业精品课程建设及实施效果”项目获山东省教学成果二等奖（2014 年），主持的“‘水产学专业导论’课程体系构建与开放效果”项目获山东省教学成果一等奖（2018 年），主持的“立足学科前沿，聚焦产业需求——水产类专业卓越人才培养模式改革与实践”项目获山东省教学成果一等奖（2022 年）。

在探索我国水产动物营养研究与饲料工业发展模式，研究并构建重要养殖代表种的基础营养参数公共平台，开创贝类营养研究新领域，技术集成与创新开发鱼粉替代技术、微颗粒开口饲料配制技术、环境和食品安全营养调控技术，以及成果产业化推广和人才培养等方面做出了重要贡献。主持完成的“鲍营养学的研究”获 2003 年教育部科学技术奖（自然科学类）一等奖，“海水养殖鱼类营养研究和高效无公害饲料开发”获 2005 年教育部科技进步一等奖，“主要海水养殖动物的营养学研究和饲料开发”获 2006 年国家科技进步二等奖。发表学术论文 300 余篇，出版著作 7 部，国家发明专利 45 项。参与组织国家高技术海洋领域、国家攻关与支撑计划水产领域“十五”到“十三五”研究发展计划的制定和实施。

# 第二章 CHAPTER 2

# 水产养殖生态学

## 第一节　水产养殖生态学概述

### 一、水产养殖生态学定义

水产养殖生物生活在水中，环境状况会影响它们的生长，同时，养殖生产活动，如施肥、投饵等也会影响环境。也就是说，水产养殖与环境相互作用。水产养殖生态学就是研究水产养殖生物及其养殖生产活动与环境相互作用的关系，阐释养殖系统构建和调控原理，为水产养殖业的可持续发展奠定生态学基础。

### 二、水产养殖生态学的主要研究内容

**1. 养殖生物个体生态学**

养殖生物个体生态学主要研究养殖生物最适的环境条件，以及养殖生物对环境变化的适应性，研究最佳的生长条件。

**2. 养殖环境的管理原理**

养殖环境的管理原理主要研究养殖水质的变化规律，水质和底质的调控原理，研究最佳生长的环境条件。

**3. 养殖系统生态学**

养殖系统生态学主要研究养殖水域生态系统的结构和功能，研究构建稳定、高效的养殖生态系统。

**4. 养殖生产活动与环境的相互作用**

养殖生产活动与环境的相互作用主要研究养殖活动对生态环境的影响、环境因子及人类其他活动对养殖生产的影响等，研究水产养殖产业可持续发展。

### 三、水产养殖生态学的主要特色

水产养殖生态学的主要特色是研究对象和养殖环境的多样性。从养殖对象来讲，水产养殖种类丰富，囊括鱼类（图 2－1）、虾蟹类（图 2－2）、贝类（图 2－3）、藻类（图 2－4）等，养殖种类营养层级多样化（表 2－1）。

图 2-1 鱼类

图 2-2 虾类

图 2-3 贝类

图 2-4 藻类

**表 2-1 水产养殖生物营养层级的多样化**

| 养殖种类 | 功能 | 相似产业种养种类 |
|---|---|---|
| 海带 | 将无机营养盐转化成水产品 | 农作物 |
| 草鱼（草食性） | 将草转化成水产品 | 牛、羊 |
| 鲤（杂食性） | 将低值饵料生物转化成水产品 | 猪、禽 |
| 鳜（肉食性） | 将低值饵料鱼转化成水产品 | |
| 鲢、扇贝（滤食性） | 将浮游生物转化成水产品 | |
| 海参（沉积物食性） | 将底泥有机物转化成水产品 | |

水产养殖的生产系统也具备多样性（表 2-2）。水产养殖既有淡水养殖也有海水养殖，既有池塘养殖也有开放海域养殖，既有投饵养殖也有不投饵养殖。

**表 2-2 水产养殖生产系统的多样性**

| 养殖水体 | 投饵策略 | |
|---|---|---|
| | 投饵 | 不投饵 |
| 池塘 | 池塘饲养 | 池塘不投饵 |
| 陆基车间（工厂化） | 循环水养殖系统（投饵为主） | |
| 水库、湖泊 | 湖库饲养 | 湖库不投饵 |
| 近岸海域 | 近海饲养 | 近海不投饵 |

（续）

| 养殖水体 | 投饵策略 | |
|---|---|---|
| | 投饵 | 不投饵 |
| 远海海域 | 远海饲养 | |
| 稻渔综合种养 | 稻鱼饲养 | |
| 盐碱地池塘 | 盐碱池塘饲养 | |

# 第二节　水产养殖生态系统概述

## 一、水产养殖生态系统的组成

水产养殖生态系统的组成主要包括理化环境、生物环境、群落演替等内容。

### 1. 水产养殖系统的理化环境

（1）光照。太阳光照到水面后一部分会发生反射，另一部分会进入水中，进入水中的光的强度会在水中迅速衰减。水对不同颜色光的吸收率不同，对长波光（如红光）吸收更快，因此，深层水多以短波长的蓝光为主。光的这些特性会影响养殖水体中许多生态学过程，如特殊的光合作用垂直分布曲线会影响对虾的生长，对虾在蓝光下生长较慢，因此，水体透明度较高或较深，对虾生长就慢。

（2）水温。水的密度在3.94℃时最大，因此，水体中就出现了昼夜混合和季节混合。一般而言，温带水体夏季呈现温度正分层，冬季呈现温度逆分层，春、秋季出现两次垂直混合，浮游生物在此混合期间会出现生物量高峰现象。另外，较深的水体在夏季会出现温跃层，也就是随水深增加水温迅速降低的水层。温跃层对水质的垂直分布影响极大，对养殖生产影响也很大。当然，也存在有利的方面，如可以利用温跃层下的凉水养殖冷水鱼类，我国利用黄海冷水团养殖三文鱼就是利用了这个原理。

（3）重要化学因子。重要化学因子主要有溶解氧、氨态氮、硫化氢等，这些因子通常会受光合作用、生物呼吸等过程影响，有些因子如氨态氮、硫化氢对养殖动物的毒性还与水体的pH有关。

### 2. 水产养殖系统的生物环境

俗话说：大鱼吃小鱼，小鱼吃虾米。这句话的意思是：在水域生态系统中的各种生物间存在摄食与被摄食的营养关系。水生植物作为生产者所固定的能量和物质，通过一系列摄食和被食关系而在生态系统中传递，各种生物按照其摄食和被食关系而排列的链状顺序称为食物链。例如，南极海区从以硅藻为主的浮游植物到以磷虾为主的浮游动物，进而到须鲸、企鹅、鱼类等浮游动物摄食者，以及位于最顶端的肉食性动物虎鲸等构成一条依次为被食者和摄食者的食物关系。

一个生态系统中的食物关系往往不是一条简单的食物链。一种被食者可能被多个摄食者摄食，一个摄食者也可能摄取多种被食者作为食物，如此形成的多条食物链彼此交错连接的网状食物关系结构，即食物网。例如，山东靖海湾刺参养殖池塘的食物网结构，该池塘存在两条主要的能量流动过程，即大藻碎屑和底栖微藻—滤食性生物和沉积食性生物—杂食性动物—肉食性鱼类和蟹类，以及浮游植物—浮游动物—杂食性鱼类和甲壳类动物—

肉食性鱼类和蟹类。

食物网关系错综复杂，而且一个特定的生态系统中包含的物种和个体数量非常多，因此很难准确描述每个物种的食物网位置以及整个生态系统中不同物种所构成的完整的食物网结构。为了定量阐明生态系统内的能量流动和物质循环途径，进行生态学研究时往往将处于食物链相同环节的生物种类合并为同一营养级，然后进一步研究不同营养级之间物质循环和能量流动的过程。例如，在一个综合养殖池塘中，进行光合作用的浮游植物和藻类处于食物链的起点，构成第一营养级，以浮游植物为食的浮游动物、滤食性双壳类软体动物和滤食性鱼类共同构成第二营养级，以贝类为食的蟹类及肉食性鱼类构成第三营养级，以此类推。

生态系统中各个营养级有机体按营养级顺序排列并绘制成图，其形状类似金字塔，故称生态金字塔或生态锥体。生态金字塔可分为能量金字塔、生物量金字塔和数量金字塔三类，它们分别指各个营养级之间数量关系可采用能量单位、生物量单位或个体数量单位。自然生态系统的能量生态金字塔一般呈规则的正锥体形状。在生态系统的能量流动过程，每经过一个营养级，总能量就减少一次，能量在逐级流动中的传递率一般只有百分之几到20%。美国科学家林德曼在研究湖泊生态系统能量流动时，首次发现能量在各营养级间的传递率约为10%，并称为“1/10 规律”。

水产养殖系统的第一功能是食物产出，其最终目的是实现能量最大程度向养殖产品流动，从而实现提高产量并降低生产成本的目标。因此，阐明水产养殖系统的营养结构及其伴随的能量流动过程，通过人工干预维持养殖生态系统结构和功能的稳定，可以优化水产养殖系统的物种组成结构，提高系统的生产效率。

**3. 水产养殖系统的群落演替**

养殖水体中的生物群落也存在演替现象。新注水池塘中的浮游生物变化是以天计的演替现象，水库合拢后的水质和渔业资源变化是以年计的演替现象。在淡水池塘中存在浮游细菌和浮游植物→原生动物→轮虫→枝角类→桡足类→混合群体的演替（图 2-5）。

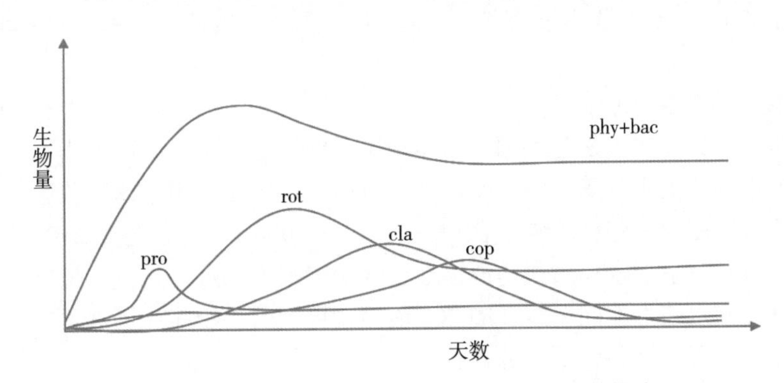


图 2-5 淡水池塘清塘后浮游生物生物量演替模式

phy 为浮游植物 bac 为浮游细菌 pro 为原生动物 rot 为轮虫 cla 为枝角类 cop 为桡足类

在生物进化中，按种群动态类型划分，有两类选择策略：一类为 $K$ 选择策略，其种群密度比较稳定，经常处于 $K$ 值周围，这类动物通常出生率低、寿命长、个体大，多具有较完善的保护后代的机制，子代死亡率低，多不具较强的扩散能力，适应稳定的栖息生境。另一类为 $r$ 选择策略，其种群密度很不稳定，通常出生率高、寿命短、个体小，缺乏保护后代的机制，子代死亡率高，有较强的扩散能力，适应多变的栖息生境。

养殖水体大换水后微生物群落也存在规律性的演替。换水后，首先出现的是增殖速度较快的 $r$ 选择策略种类，之后出现增殖速度慢的 $K$ 选择策略种类。值得注意的是，致病菌多为 $r$ 选择策略。这些原理已在水产苗种生产中得到了应用，如鱼苗的适时下塘就是在鱼苗适口饵料生物最多时放养鱼苗，适时下塘可保障鱼苗生长快、产量高。

### 二、养殖容量

对于一个养殖水体而言，其最多能养殖的生物量（即养殖容量）是有限的。养殖容量是一个水体中养殖产品达到最高产量时，对应的生物现存量，或对应的苗种放养量。分为物理性养殖容量、生产性养殖容量、生态性养殖容量、社会性养殖容量。物理性养殖容量指物理空间和条件所能允许的养殖量。生产性养殖容量指可获得最大经济收获量的放养密度。生态性养殖容量指对生态环境无显著影响的养殖密度或规模。社会性养殖容量指对其他人类活动无不可接受影响的养殖密度或规模。

一个水体养殖容量的评估分为三个步骤：第一步，确定制约养殖生产的因子，也就是选择与经济、生态和社会状态变化相关的状态变量，例如，营养盐浓度、饵料可得性、生长速度、溶氧量、社会可接受程度等。第二步，了解和量化放养量或生物量与状态变量间的关系，用于之后评估养殖容量水平的预测模型和实证研究。第三步，计算可接受的或安全的养殖容量（生物量、放养密度等）。

## 第三节　水产养殖系统的水质调控

水环境保护是当今世界的共识，对保障水产品质量安全、维护水域生态系统健康至关重要。科学利用水产动植物的调控作用不仅能把水体中的饵料资源包括浮游植物、浮游动物、底栖动物、小型鱼类、有机碎屑等转化为水产品，还能对水质改善产生积极影响。常用的水产动植物调控的类群主要有滤食性鱼类、滤食性螺贝类、鱼食性鱼类及水生植物等。

**1. 滤食性鱼类的生物调控**

滤食性鱼类的典型代表是鲢和鳙。水体中藻类的过量繁殖会形成水华，如海洋中的赤潮、淡水湖泊中的蓝藻水华等。鲢、鳙对水华有很好的控制作用，这得益于其特殊的滤食器官——鳃耙。鲢能通过鳃耙滤食的食物大小为 6～100μm，鳙能通过鳃耙滤食的食物大小为 17～3 000μm，多数水华形成的群体处于这个范围内，这也是鲢、鳙生物量达到一定程度后能很好控制水华的原因。鲢、鳙能不能摄食更大的食物呢？当然不能，因为鲢、鳙口腔被鳃耙占据，影响了吞食更大的食物。

鲢、鳙不仅能在富营养化水体中有效控制水华，还能把水体中碳、氮、磷等营养元素转化为水产品，产生很好的水质调控作用，如浙江的千岛湖每年捕捞鲢、鳙 6 000t，能从水体移出碳 492t、移出氮 110t、移出磷 29t，千岛湖水质多年来均维持在Ⅰ～Ⅱ类。

**2. 滤食性螺贝类的生物调控**

滤食性螺贝类的生物调控即螺类和贝类的生物调控。它们的作用原理与鲢、鳙类似，但滤食的对象主要是底层的浮游动植物和有机碎屑。以贝类为例，滤食过程中，水由入水孔进入外套腔，经鳃水孔到鳃水管内，沿水管上行达鳃上腔，向后流动，经出水管排出体外。水经过鳃时，即进行气体交换，外套膜也有辅助呼吸的功能。一只体重100g的贝类，每24h过滤的水量可达40L。其鳃表面的纤毛也可过滤水中的微小食物颗粒，送至唇片再入口摄食。

滤食性螺贝类主要通过三种途径对水质产生影响。一是螺贝类通过过滤性的摄食方式使水体底层的浮游动植物和悬浮物生物量或数量下降、透明度上升。二是螺贝类具有“岛”效应，通过体表着生的藻类吸收和微生物的降解使水体碳、氮、磷含量降低。三是通过身体的生长，特别是贝壳的生长，沉积和固化水体的营养物质，并且通过收获使碳、氮、磷移出，达到净化水质目的。

**3. 鱼食性鱼类的生物调控**

鱼食性鱼类指吃鱼的鱼类，俗称凶猛性鱼类，可以通过它们调控水体中生物之间的食物链关系以控制或减轻水体污染负荷并达到调控水质的目的。其基本原理是增加水体中鱼食性鱼类的数量，比如增加乌鳢的数量，通过其摄食减少小型鱼类的数量，而绝大多数小型鱼类是以浮游动物特别是大型的浮游动物如枝角类和桡足类为食的，所以当小型鱼类因为鱼食性鱼类的摄食而减少后，小型鱼类对浮游动物的摄食压力就减小了，这样浮游动物就得以壮大和发展，浮游动物壮大和发展之后会通过摄食作用大大减少浮游植物、浮游细菌和有机碎屑的数量，从而达到改善水质的目的。

为了区别于鲢、鳙等滤食性鱼类的生物调控，通常把鱼食性鱼类的生物调控称为经典生物调控，把滤食性鱼类的生物调控称为非经典生物调控。在生产实践中，鱼食性鱼类的生物调控往往通过组合放养的方式进行，即同时放养在水体中上层生活的鱼食性鱼类如翘嘴鲌、蒙古鲌等，中下层生活的鱼食性鱼类如鳜等，还有底层生活的鱼食性鱼类如大口鲇等。

**4. 水生植物的生物调控**

水生植物的调控作用主要体现在三个方面。一是通过水生植物的生长直接吸收碳、氮、磷等营养元素，降低碳、氮、磷含量。二是通过植物的附着作用，比如附着的小型螺类、微生物等的滤食或降解从而使碳、氮、磷含量下降。三是通过水生植物的庇护、竞争作用抑制浮游植物的生长，增加水体透明度，最终改善水质。水生植物调控涉及的类群很多，比如海洋中的大型藻类、淡水中的沉水植物以及水生蔬菜等。

## 第四节 水产养殖结构优化

### 一、养殖结构与综合养殖

水产养殖结构是指一个水体中养殖生物的种类和与其他相关产业的联系形式。

我国鱼类养殖已有3 000多年的历史，在唐朝前，鱼类养殖都是单品种养殖，之后才出现多种类混养、桑基鱼塘等综合养殖形式。20世纪50年代起，伴随着颗粒饲料、增氧机和现代网箱的发明，人们又开始实行单品类工业化养殖。上述三项技术的应用极大地提高了养殖生产力，但是养殖产生的污染也日益严重。现在，世界各国又开始倡导发展集约化综合养殖。综合养殖是指多种水产动植物或几种生产方式有机结合的生产活动，它既包括同一水体内水产动植物的混养，又包括水产养殖与同一水体或邻近区域进行的其他生产活动有机结合的养殖方式三类形式：

①同一水体内水产动植物的混养，如同一池塘中不同品种鱼类混养。

②水产养殖与同一水体的其他生产活动有机结合，如同一池塘中既养殖鱼类，又养殖鸭、鹅等。

③水产养殖与邻近区域进行的其他生产活动有机结合，如桑基鱼塘，即在池塘中养鱼，池塘四周堆成高基，基上种植桑树、养蚕。

## 二、综合养殖依据的生态学原理

综合养殖方式所依据的生态学基本原理包括养殖废物的资源化利用、水体资源的充分利用、生态防病等。

### 1. 养殖废物的资源化利用

将鱼类、贝类、藻类养在一起，可使一种养殖生物产生的废物变为另一养殖生物的饵料或营养。鱼类产生的残饵和粪便颗粒可被贝类滤食，鱼类和贝类排泄的氨态氮和呼出的二氧化碳可被藻类吸收，藻类又为贝类和鱼类提供氧气。这样的养殖模式又称为多营养层次综合养殖。

### 2. 水体资源的充分利用

对综合养殖而言，水体资源主要包括空间、时间、饵料资源。例如，一个池塘在水温较高的5—9月养殖对虾，在水温稍低的10月至次年4月养殖鳜，就可实现池塘的全年利用。再例如，湖泊中放养草鱼、鲢、鳙和鲤，可实现水体饵料资源和空间资源的充分利用：草鱼生活在岸边，吃大型水生植物；鲢生活在开阔水域上层，主要滤食浮游植物；鳙生活在开阔水域中层，主要滤食浮游动物；鲤生活在底层，主要摄食底栖动物。

### 3. 生态防病

例如，河豚与对虾混养可预防对虾大规模暴发白斑病。白斑病由白斑病病毒引起，该病毒不会感染鱼类。当对虾感染该病毒后，游泳能力变弱，会游荡在岸边和水表层，河豚很容易摄食这些病虾，自身却安然无恙。但如果健康虾摄食了这些病虾，虾病就会暴发。

### 4. 充分利用生态系统服务功能

水产养殖生态系统的边界内包括养殖水体、附属用地和可利用的空间，可为人类直接或间接地提供供给服务、调节服务、支持服务和文化服务。由于水产养殖生态系统具有很高的多样性，这些服务功能可以与水产养殖结合，例如，将农业、旅游、风电等与水产养殖结合，使经济效益倍增。

## 三、综合养殖效益的综合评价指数

综合养殖模式兼具较高的经济效益和生态效益。因此，也应该用综合评价指数表征其综合效益。该指数应该包含产量、平均尾重、产出投入比等经济效益指标和饲料效率、氮和磷的相对利用率等生态效益指标。例如：

综合效果指数＝（系统的综合产量×氮的总利用率×产出投入比）×1/3

综合效果指数＝（净产量×平均尾重×饲料效率）×1/3

综合效果指数=（净产量×规格×氮和磷的相对利用率）×1/3

# 第五节 水产养殖业的可持续发展

## 一、水产养殖的贡献和存在的主要问题

过去 70 多年，全球水产品消费量年均增速（3.2%）超过人口增速（1.6%），也高于畜禽产品消费量的增速（2.8%），水产业对人类食物的贡献率越来越大。由于渔业捕捞产量现在已经几乎零增长，因此，未来水产品的增量将主要来自水产养殖业的发展。水产养殖动物比畜禽饲料转化率更高，如果人类多食用水产品，且到 2050 年还是 97 亿人口，则全世界可节省 7 000 万 $hm^2$ 用于种植饲料的土地。尽管水产养殖比养牛和养猪的环境代价低很多（表 2-3），但是有些水产养殖方式对环境的影响还是不容忽视的。例如，利用循环水方式生产 1t 大菱鲆会排放 6 020kg $CO_2$，排放 48.3kg $SO_2$，排放 77kg $PO_4$。

表 2-3 生产 1t 鲜农产品和水产品的环境代价

| 产品 | 生产地 | 全球变暖潜势/kg $CO_2$ 当量 | 酸化潜势/kg $SO_2$ 当量 | 富营养化潜势/kg $PO_4$ 当量 |
|---|---|---|---|---|
| 牛肉 | 英国 | 25 300 | 708 | 257 |
| 猪肉 | 英国 | 6 360 | 395 | 100 |
| 鸡肉 | 英国 | 4 570 | 173 | 49 |
| 虾（池塘养） | 亚洲 | 5 250 | 31 | 37 |
| 鲑（网箱养） | 欧洲 | 2 250 | 18 | 31.9 |
| 罗非鱼（网围养） | 亚洲 | 1 520 | 20.2 | 47.8 |
| 鳟（流水养） | 法国 | 2 750 | 19.2 | 65.9 |
| 大菱鲆（循环水养） | 法国 | 6 020 | 48.3 | 77 |
| 参（工厂化养） | 中国 | 1 860 | 193 | 66.5 |
| 参（池塘粗养） | 中国 | 236 | 1.3 | −0.003 4 |
| 金枪鱼（海捕） | 西班牙 | 1 800 | 24 | 3.7 |

水产养殖还会占用大量的土地和水资源。例如，养殖 1t 罗非鱼，种植饲料需要用 0.312$hm^2$ 耕地，消耗 1 685t 淡水；同时，养殖期间的换水、稀释排放的污水也会消耗大量淡水资源。我国水资源短缺，同时，我国人均耕地面积不足世界人均数的 40%，这就决定了我国不可能用大量耕地和淡水资源提高水产养殖产量。

过去几十年，全世界水产养殖产量的增加主要是通过提高养殖系统的集约化水平实现的。然而，随着集约化水平的提高，每生产 1kg 水产品的能耗或 $CO_2$ 排放量也在增加。例如，我国池塘养殖 1kg 水产品需消耗 0.37kW·h 电能，网箱养殖是 3.16kW·h 电能，而陆基工厂化养殖是 8.66kW·h 电能。我国已向国际社会承诺了 2030 年实现碳达峰、2060 年实现碳中和目标，“双碳”目标对水产养殖的发展也提出了更高质量的要求。

## 二、全球气候变化对水产养殖的影响

气候变化是水产养殖发展的重要制约因素，也为水产养殖带来了巨大的不确定性。实测和模拟数据均表明，中国近海海表水温上升幅度和速率均超过全球平均值，海洋热浪暴发频率也呈现逐渐增加的趋势。全球变暖和海洋热浪成为影响海水养殖产业发展的重要因素。比如，2018 年夏季高温使中国北方海参养殖产生了巨大损失，仅在辽宁就造成了 6.3 万 $hm^2$ 海参养殖池塘受灾，产量损失 6.8 万 t，直接经济损失接近 70 亿元。研究发现，在未来气候变化的情景模式下，刺参养殖业会面临高温带来的更大的危害，尤其是在辽东湾、渤海湾和莱州湾等区域。

除了温度以外，海洋酸化对水产养殖业的发展也会造成重要影响。海洋酸化会改变海水 pH，影响贝类和其他水产动植物的钙化、发育，进而影响海水养殖贝类产量。也会通过改变食物链关键环节，影响到整个生态系统的结构和服务功能。

不同的养殖系统还具有不同的水足迹。水足迹包括蓝水足迹、绿水足迹和灰水足迹。蓝水足迹是指产品生产过程中地表水和地下水的消耗量；绿水足迹是指生产过程中雨水的消耗量；灰水足迹是指以现存周围环境水质为基准时，稀释污染物所消耗的淡水量。相对来说，海水养殖的蓝水足迹较少，尤其是双壳贝类养殖对水资源几乎没有消耗。因此，水产养殖不仅是增长最快的食物生产方式，也是碳排放低的动物蛋白生产方式之一，对于双壳贝类和海藻的生产来说尤为如此，它们几乎不需要饵料、淡水或土地资源，有着较少的温室气体排放。

为促进固碳和水产养殖的和谐发展，近年来修复性水产养殖备受推崇。修复性水产养殖指的是商业性或生计性水产养殖实践向环境提供直接生态效益，并有潜力产生净正向生态环境保护成效时的养殖模式。也就是说，修复性水产养殖除了能产生水产品外，还能改善环境，达到经济和生态效益双丰收。

## 三、水产养殖业的可持续发展评估

我国有 10 类水产养殖系统，包括池塘内循环生态养殖、内封闭循环养殖、水产养殖仿生学、生物絮团技术、离岸深海网箱养殖、红树林-水产养殖耦合、生态湿地的技术、鱼菜共生、高位池封闭式循环水养殖、浮动湿地和浮岛。优先发展项的选择（可持续性）是一个多指标决策问题，受环境和资源制约，受社会和经济因素驱动，也受政策等因子影响。它们的可持续性可采用层次分析方法评估。

专家的评估显示，我国 10 类水产养殖系统的可持续性差异很大。总体来讲，不投饵养殖系统可持续性较好，投饵养殖系统可持续性较差。投饵养殖系统中深远海养殖可持续性较好，湖泊水库养殖可持续性最差。

我国政府已提出了水产养殖业绿色发展意见，整体上实行“减量增收、提质增效”，同时，“积极拓展养殖空间，大力推广稻渔综合种养，支持发展深远海绿色养殖，积极发展盐碱水养殖”。

我国水产养殖以往出现的种种问题，主要是因为片面追求集约化发展，生态集约化才是水产养殖业可持续性发展的必由之路。水产养殖系统的生态集约化是水产养殖投入与水产养殖生态系统服务功能有机结合，实现水产养殖提质、增效、减排、节能综合效益最大化的方法。

鱼类养殖模式经历了鱼类单养、混养、半精养综合养殖、单品类工业化养殖，现在正在经历集约化程度较高的综合养殖阶段，再过几十年还将完全进入绿色养殖阶段，也就是基于光合作用和非化石能源的养殖时代。构建生态集约化养殖和完全绿色养殖模式或系统，还有许多科学问题需要解决。

## 附：本章线上课程教学负责人董双林简介

董双林，中国海洋大学教授，于1997年获奖国家杰出青年科学基金。山东省泰山产业领军人才。曾任中国海洋大学副校长、国务院学位委员会学科评议组水产学科组召集人、中国水产学会副理事长等。现任中国海洋学会海洋经济分会主任委员、中国海洋湖沼学会养殖生态学分会理事长等。长期从事生态养殖理论与技术研究，研发了低洼盐碱地池塘安全养殖技术和滩涂海水池塘清洁养殖技术，推动了我国盐碱荒地渔业利用和滩涂池塘清洁生产，分别于2006年和2012年获得国家科技进步奖二等奖（第1位）。2015年起开始开拓我国深远海鱼类绿色养殖领域，实现了温暖海域冷水鱼类养殖的世界性突破。出版专著1部，主编教材3本，以第一或通讯作者发表论文250余篇，其中SCI收录100余篇，发明专利12项，参与制定水产养殖地方标准2项。

# 第三章
CHAPTER 3
# 水产生物遗传育种

## 第一节　水产生物遗传育种概述

### 一、水产生物遗传育种的定义

种子是农业的“芯片”，是确保国家粮食安全和农业高质量发展的“源头”。党的十八大以来，以习近平同志为核心的党中央把保障粮食安全作为治国理政的头等大事，高度关注种业发展，多次在不同场合对种业改革发展指明方向，作出“立志打一场种业翻身仗”“必须把民族种业搞上去”等重要指示。2021年的中央一号文件、政府工作报告和“十四五”规划纲要也对种业发展作出具体安排。

我国是世界第一水产养殖大国，水产养殖产量长期居世界首位。据世界粮农组织统计数据，2018年我国水产养殖产量占世界水产养殖总产量的58%，2020年全国水产养殖产量达5 224万t，为保障国家食物安全做出了重要贡献。种苗是水产养殖业发展的基础，从原始的灌江纳苗、采集天然苗种，到开展人工繁殖获得人工苗种，再到应用传统和现代技术手段结合的方式开展人工育种获得优良品种，进而扩大良种生产规模，形成支撑水产养殖业发展的重要育种产业，经历了长期、艰辛的探索过程，凝聚了广大科技人员和生产一线工作者几代人的不懈努力和辛勤汗水。

什么是品种呢？在全国水产原种和良种审定委员会颁布的水产原良种审定标准当中，品种是指经多代人工选择育成的具有遗传稳定，并有别于原种或同种内其他群体的优良经济性状及其他表型性状的水产生物。从育种学的观点来看，一个品种必须具备以下4方面的基本条件：一是性状和适应性相似，二是具有稳定的遗传性能，三是在生长、繁殖、抗逆等经济性状上具有较高的生产性能，四是要保有一定的数量。

水产生物遗传育种是运用各种遗传学方法改造水产生物遗传结构，培育出适合人类养殖生产活动需要的品种的过程。简单说，就是培养水产养殖业的优良品种。

水产生物遗传育种学是研究水产生物选育和繁殖优良品种的理论与方法的科学，是水产学科的一个重要分支。水产生物遗传育种学的研究任务主要包括水产生物的起源、驯化、品种形成、生长、发育规律以及生产力鉴定，繁育群体的构成和保护，育种理论和方法，组织和实施等4个方面的内容。水产生物遗传育种学以现代生物学为基础，需要先学习遗传学、动物学、水生生物学、生物化学、组织胚胎学、现代分子生物学等相关内容。

与种植业、畜禽业不同的是，我国水产生物种类繁多。据不完全统计，目前我国的水产生物种类多达600种以上，涵盖了鱼类、虾蟹类、贝类、藻类、海参、海胆等水产经济生物的主要门类，充分显示了我国人民在水生生物资源开发利用方面的聪明和智慧。水产生物遗传育种学的研究对象主要集中在养殖产量和经济效益比较大的种类上，据《中国渔业统计年鉴》数据，具有重要经济价值的海水、淡水主要养殖种类超过70种，这些养殖种类除日本鳗鲡等少数几种外，基本实现了苗种的人工繁育。随着养殖新种类的开发和引进，我国水产生物遗传育种的研究对象有不断增加的趋势。

确定育种目标是制订育种方案和开展育种工作的前提。育种目标适当与否，决定着育种方案优劣，是育种工作成败的首要因素。水产生物育种的总目标是高产、稳产、优质、高效。随着水产养殖业的发展，育种目标也会出现新的内容。水产生物遗传育种针对的目标，因地域、种类、特点不同而不同，大体上可以划分为以下几个方面：生长特性和饲料转化率、繁殖特性（包括性成熟的年龄与繁殖力）、抗病能力、适应特性、体色与体型、产品品质（如肉质）等。

## 二、水产生物遗传育种的技术方法

从育种的发展历史来讲，最早应用的育种方法是选择育种和杂交育种。选择育种一般是在构建基础群体的基础上，针对某一性状进行累代选育，经过连续数代的选育，往往可以获得对目标性状的增强效果，从而达到育种的目的。杂交育种是通过不同品种间或种间杂交创造新的变异，对杂交后代进行培育、选择，最终育成新品种的方法。

近10多年来，我国水产生物育种领域空前活跃，新技术、新方法不断涌现。水产育种技术正在从选择育种、杂交育种等传统的育种技术向现代分子育种技术迅速发展。目前已经建立或正在建立的现代育种技术主要有细胞工程育种技术、分子标记辅助育种技术、全基因组选择育种技术和基因编辑育种技术等。水产生物的细胞工程育种技术研究，目前主要集中在多倍体育种、雌核发育和雄核发育等方面。分子标记辅助育种技术是通过与目标性状紧密连锁的DNA分子标记和数量性状位点，对目标性状进行间接选择的现代育种技术，可以大大提高选育的效率。全基因组选择育种技术是一种利用覆盖全基因组的高密度分子标记进行选择育种的方法，通常基于高通量、低成本SNP标记开发和分型技术，整合全基因组选择算法和模型，快速准确地估算全基因组育种值，进行早期个体的预测和选择，从而缩短世代间隔，加快育种进程。全基因组选择育种技术已成为近年来水产生物育种领域研究的热点。基因编辑又称为基因组编辑，是一种新兴的、比较精确的、能对生物体基因组特定目标基因进行修饰的一种基因工程技术，基因编辑育种技术不仅可以突破传统育种难以解决的遗传障碍，还能实现特定性状的精准改变，颠覆已有生物遗传改良技术路径和选育效率。伴随着基因编辑育种技术的不断改进及其在生物上的广泛应用，农业领域的颠覆性变革正在悄然进行。目前，日本利用基因编辑育种技术，培育了出肉率更高、长得更大的真鲷和红鳍东方鲀，并已获准商业化生产。

## 三、水产生物遗传育种研究取得的重要进展

1996年，我国开始实施水产新品种审定制度。截至2022年底，由全国水产原种和良种审定委员会审定通过的水产新品种有266个，其中引进种30个，自主培育的新品种236个。在这期间，专门从事水产遗传育种研究的科技队伍迅速发展壮大；适用于不同生

物类型，各具特色的育种技术在实践过程中逐步形成并日趋完善；获得了一批具有自主知识产权的理论和技术成果。

近年来，在水产生物遗传育种基础研究方面，构建了重要水产生物分子标记技术体系，开发了鱼类、甲壳类、贝类、藻类和棘皮动物等水产经济生物大量的微卫星、SNP等分子标记，为分子辅助育种奠定了基础。利用分子标记构建了牡蛎、扇贝、鲆鲽、鲤、对虾、河蟹、海带等多种水产生物的高精度遗传连锁图谱，实现了生长、抗性、繁殖、性别等重要经济性状的QTL定位。

评价了重要水产生物的种质资源遗传多样性，阐明了重要水产经济生物野生群体遗传多样性现状，研究了养殖群体遗传变异及其影响因素，为种质资源的管理保护及可持续利用提供了重要的科学依据。

自2012年起，应用新一代测序技术，我国学者相继破译了长牡蛎、半滑舌鳎、鲤、栉孔扇贝、凡纳滨对虾、刺参、海带等数十种水产生物的全基因组图谱，研究成果先后在*Nature*、*Nature Genetics*等顶级国际期刊发表，引领了国际水产生物的基因组研究。通过解析这些基因组，完成了大量功能基因的注释，为阐明重要经济性状形成的遗传机制、开展全基因组选择育种和基因编辑育种提供了大数据支撑。

自2011年以来，水产遗传育种领域共获得包括国家自然科学奖、国家科技进步奖和国家技术发明奖在内的国家奖8项，占水产领域国家级科技奖的60%。其中“多倍体银鲫独特的单性和有性双重生殖方式的遗传基础研究”获得国家自然科学二等奖；“新型和改良多倍体鱼研究及应用”“坛紫菜新品种选育、推广及深加工技术”“中华鳖良种选育及推广”“鲤优良品种选育技术及产业化”等项目获得国家科技进步二等奖；“海水鲆鲽鱼类基因资源发掘及种质创制技术建立与应用”“扇贝分子育种技术创建与新品种培育”获得国家技术发明二等奖。这些成果的获得标志着我国水产生物育种研究及其产业化应用跨上了新的高度。

水产生物种质资源是开展水产生物育种研究、保障水产养殖业发展和水域生态文明建设必不可少的物质基础，是支撑水产养殖业持续发展的重要战略资源。近年来，我国在水产种质资源保护区建设方面取得了显著成绩。水产种质资源保护区是指为保护水产种质资源及其生长环境，在具有较高经济价值和遗传育种价值的水产种质资源的主要生长繁育区域，依法划定并予以特殊保护和管理的水域、滩涂及其毗邻的岛礁陆域。针对工程建设等人类活动大量占用、破坏重要水生生物栖息地和传统渔业水域，严重影响渔业可持续发展和国家生态文明建设的严峻形势，农业农村部自2007年起积极推进水产种质资源保护区建设。截至2017年底，建设国家级水产种质资源保护区535个，对我国各海区和内陆主要江河湖泊的300多种种质资源的产卵场、索饵场、越冬场和洄游通道等关键栖息场所进行了保护，保护面积超过15万$km^2$，初步构建了覆盖各流域的水产种质资源保护区网络。

在种质资源库建设方面，2019年，科技部和财政部联合发布的国家科技资源共享服务平台名单中，包括了30个国家生物种质与实验材料资源库，其中涉及水生生物种质资源的有依托中国科学院水生生物研究所建立的国家水生生物种质资源库，依托中国水产科学研究院建立的国家海洋渔业生物种质资源库和国家淡水水产种质资源库。

自1998年开始，我国启动了水产原良种生产体系建设，目前已建成了由国家遗传育种中心、国家级水产原良种场、各级地方良种场及良种繁育基地组成的水产原良种生产体系。在这个体系当中，遗传育种中心承担新品种培育、遗传资源开发等基础和应用工作，培育出的具有优良性状的新品种由良种场负责扩繁并提供给苗种场，苗种场使用优良品种亲本进行养殖苗种的培育，提供给养殖场进行产业化养殖。截至2024年，我国已有遗传育种中心31个，国家级水产原良种场87家，省级水产原良种场900多家及2万余家种苗繁育基地，生产面积46万 $hm^2$，淡水孵化设施面积585万 $m^2$，海水孵化设施面积1 081万 $m^2$，有力保障了良种的繁育与供应。在保障体系建设方面，国家陆续投资建设了7家水产种质检测检验中心，负责建立和完善水产种质评价标准，研究开发快速、准确的种质检测技术，加强水产种质检测和苗种质量监管。

进入21世纪以来，我国水产生物育种取得了长足的进步，人才队伍建设初具规模，基础设施、设备条件大幅改善，育种成果开始凸显，新品种在促进水产养殖业健康发展中的地位和作用得到了前所未有的重视。今后的几十年，将是我国水产生物育种发展的黄金时期，为了应对国家粮食安全和水产养殖业不断向优质高产、精准化方向发展的需要，水产生物育种必须从理论和技术两个方面不断探索，为产业发展提供科技支撑。

## 第二节 鱼类育种

### 一、我国鱼类养殖及种质资源概况

根据全国水产技术推广总站统计，我国已开展养殖的鱼类总数近600种，其中淡水鱼类475种（含40个杂交种），海水鱼类约120种（含8个杂交种）。2020年全国淡水鱼类养殖总产量2 586.4万t，占淡水养殖总产量83.73%；海水鱼类养殖总产量175.0万t，占海水养殖总产量8.19%。大多数养殖鱼类是本土物种，国外引进鱼类60余种。除了个别物种外，绝大多数养殖鱼类苗种都来源于国内自主培育，但多数物种的种质资源状况还有待系统地调查研究和挖掘。

### 二、我国鱼类育种概况

我国观赏鱼类中金鱼的育种已经有数百年历史，食用鱼类育种相对滞后。20世纪70年代，鱼类育种工作开始进入由国家统一规划和组织协调的阶段。1983年起鱼类育种被列入国家科技攻关计划，2001年起海水鱼类育种被列入“863计划”，鱼类育种技术和相关基础研究取得长足的进步与发展，在渔业生产上发挥了重要作用。我国1996年开始进行水产新品种审定，至2022年全国水产原种和良种审定委员会审定通过的水产新品种共266个，其中鱼类共134个，占50.4%，淡水鱼115个、海水鱼19个。审定的品种按来源和培育方法分为选育种、杂交种、引进种和其他类品种4类。从国外引进已有的优良养殖品种是增加养殖品种的快捷途径，我国从国外引进养殖和试养的鱼类超过60种，其中一些引进种在我国渔业生产中发挥了重要的作用，如罗非鱼、大口黑鲈、大菱鲆等，表3-1中列出了1996—2008年审定的20个鱼类引进种（品种登记号GS后的03表示引进种）。但引种不当可能带来严重问题，甚至造成生态灾难。2009年起不再审定引进种。

表 3-1 全国水产原种和良种审定委员会审定的鱼类引进种

| 品种名称 | 登记号 | 品种名称 | 登记号 |
|---|---|---|---|
| 尼罗罗非鱼 | GS-03-001-1996 | 露斯塔野鲮 | GS-03-011-1996 |
| 奥利亚罗非鱼 | GS-03-002-1996 | 吉富品系尼罗罗非鱼 | GS-03-001-1997 |
| 大口黑鲈（加州鲈） | GS-03-003-1996 | 大菱鲆 | GS-03-001-2000 |
| 短盖巨脂鲤（淡水白鲳） | GS-03-004-1996 | 美国大口胭脂鱼 | GS-03-002-2000 |
| 斑点叉尾鮰 | GS-03-005-1996 | 苏氏圆腹鱼芒 | GS-03-002-2004 |
| 虹鳟 | GS-03-006-1996 | 乌克兰鳞鲤 | GS-03-001-2005 |
| 道纳尔逊氏虹鳟 | GS-03-007-1996 | 高白鲑 | GS-03-002-2005 |
| 革胡子鲶 | GS-03-008-1996 | 小体鲟 | GS-03-003-2005 |
| 德国镜鲤 | GS-03-009-1996 | 漠斑牙鲆 | GS-03-002-2007 |
| 散鳞镜鲤 | GS-03-010-1996 | 匙吻鲟 | GS-03-001-2008 |

已通过国家审定的鱼类新品种中的选育种共 57 个，其中淡水鱼 50 个，海水鱼 7 个（表 3-2）。已通过国家审定的鱼类杂交种新品种共 48 个，其中淡水鱼 39 个，海水鱼 9 个，其中丰鲤、荷元鲤、岳鲤、三杂交鲤、芙蓉鲤、斑点叉尾鮰“江丰 1 号”、大菱鲆“丹法鲆”、牙鲆“鲆优 1 号”、牙鲆“北鲆 2 号”、大菱鲆“多宝 1 号”、牙鲆“鲆优 2 号”、大菱鲆“多宝 2 号”等 12 个为种内杂交种，相当于畜牧上的配套系，其余 36 个为远缘杂交种（表 3-3）。已通过国家审定的其他类鱼类新品种 9 个，包括淡水鱼 8 个，海水鱼 1 个（表 3-4），其中长丰鲫是多倍体品种，其余 8 个都是单性性别控制品种。

表 3-2 全国水产原种和良种审定委员会审定的鱼类新品种（选育种）

| 品种名称 | 登记号 | 品种名称 | 登记号 |
|---|---|---|---|
| 兴国红鲤 | GS-01-001-1996 | “新吉富”罗非鱼 | GS-01-001-2005 |
| 荷包红鲤 | GS-01-002-1996 | 甘肃金鳟 | GS-01-001-2006 |
| 彭泽鲫 | GS-01-003-1996 | “夏奥 1 号”奥利亚罗非鱼 | GS-01-002-2006 |
| 建鲤 | GS-01-004-1996 | 津新鲤 | GS-01-003-2006 |
| 松浦银鲫 | GS-01-005-1996 | 萍乡红鲫 | GS-01-001-2007 |
| 荷包红鲤抗寒品系 | GS-01-006-1996 | 异育银鲫“中科 3 号” | GS-01-002-2007 |
| 德国镜鲤选育系 | GS-01-007-1996 | 松浦镜鲤 | GS-01-001-2008 |
| 松浦鲤 | GS-01-002-1997 | 长丰鲢 | GS-01-001-2010 |
| 团头鲂浦江 1 号 | GS-01-001-2000 | 津鲢 | GS-01-002-2010 |
| 万安玻璃红鲤 | GS-01-002-2000 | 福瑞鲤 | GS-01-003-2010 |
| 松荷鲤 | GS-01-002-2003 | 大口黑鲈“优鲈 1 号” | GS-01-004-2010 |
| 剑尾鱼 RP-B 系 | GS-01-003-2003 | 大黄鱼“闽优 1 号” | GS-01-005-2010 |
| 墨龙鲤 | GS-01-004-2003 | 松浦红镜鲤 | GS-01-001-2011 |
| 豫选黄河鲤 | GS-01-001-2004 | 瓯江彩鲤“龙申 1 号” | GS-01-002-2011 |

（续）

| 品种名称 | 登记号 | 品种名称 | 登记号 |
|---|---|---|---|
| 大黄鱼“东海1号” | GS-01-001-2013 | 鲌鲂“先锋2号” | GS-01-005-2018 |
| 翘嘴鳜“华康1号” | GS-01-001-2014 | 大黄鱼“甬岱1号” | GS-01-001-2020 |
| 易捕鲤 | GS-01-002-2014 | 团头鲂“浦江2号” | GS-01-002-2020 |
| 吉富罗非鱼“中威1号” | GS-01-003-2014 | 虹鳟“水科1号” | GS-01-001-2021 |
| 白金丰产鲫 | GS-01-001-2015 | 禾花鲤“乳源1号” | GS-01-002-2021 |
| 香鱼“浙闽1号” | GS-01-002-2015 | 翘嘴鳜“广清1号” | GS-01-003-2021 |
| 团头鲂“华海1号” | GS-01-001-2016 | 建鲤2号 | GS-01-004-2021 |
| 黄姑鱼“金鳞1号” | GS-01-002-2016 | 半滑舌鳎“鳎优1号” | GS-01-005-2021 |
| 异育银鲫“中科5号” | GS-01-001-2017 | 镜鲤“龙科11号” | GS-01-001-2022 |
| 滇池金线鲃“鲃优1号” | GS-01-002-2017 | 红罗非鱼“中恒1号” | GS-01-002-2022 |
| 福瑞鲤2号 | GS-01-003-2017 | 鳙“中科佳鳙1号” | GS-01-003-2022 |
| 大口黑鲈“优鲈3号” | GS-01-001-2018 | 软鳍新光唇鱼“墨龙1号” | GS-01-004-2022 |
| 津新红镜鲤 | GS-01-002-2018 | 乌鳢“玉龙1号” | GS-01-005-2022 |
| 暗纹东方鲀“中洋1号” | GS-01-003-2018 | 大黄鱼“富发1号” | GS-01-006-2022 |
| 罗非鱼“壮罗1号” | GS-01-004-2018 | | |

**表3-3　全国水产原种和良种审定委员会审定的鱼类新品种（杂交种）**

| 品种名称 | 登记号 | 品种名称 | 登记号 |
|---|---|---|---|
| 奥尼鱼 | GS-02-001-1996 | “吉丽”罗非鱼 | GS-02-002-2009 |
| 福寿鱼 | GS-02-002-1996 | 杂交鳢“杭鳢1号” | GS-02-003-2009 |
| 颖鲤 | GS-02-003-1996 | 大菱鲆“丹法鲆” | GS-02-001-2010 |
| 丰鲤 | GS-02-004-1996 | 牙鲆“鲆优1号” | GS-02-002-2010 |
| 荷元鲤 | GS-02-005-1996 | 鳊鲴杂交鱼 | GS-02-001-2011 |
| 岳鲤 | GS-02-006-1996 | 杂交鲌“先锋1号” | GS-02-001-2012 |
| 三杂交鲤 | GS-02-007-1996 | 芦台鲂鲌 | GS-02-002-2012 |
| 芙蓉鲤 | GS-02-008-1996 | 牙鲆“北鲆2号” | GS-02-001-2013 |
| 异育银鲫 | GS-02-009-1996 | 吉奥罗非鱼 | GS-02-003-2014 |
| 湘云鲤 | GS-02-001-2001 | 杂交翘嘴鲂 | GS-02-004-2014 |
| 湘云鲫 | GS-02-002-2001 | 秋浦杂交斑鳜 | GS-02-005-2014 |
| 红白长尾鲫 | GS-02-001-2002 | 津新鲤2号 | GS-02-006-2014 |
| 蓝花长尾鲫 | GS-02-002-2002 | 津新乌鲫 | GS-02-002-2013 |
| 杂交黄金鲫 | GS-02-001-2007 | 斑点叉尾鮰“江丰1号” | GS-02-003-2013 |
| 湘云鲫2号 | GS-02-001-2008 | 大菱鲆“多宝1号” | GS-02-001-2014 |
| 芙蓉鲤鲫 | GS-02-001-2009 | 乌斑杂交鳢 | GS-02-002-2014 |

（续）

| 品种名称 | 登记号 | 品种名称 | 登记号 |
|---|---|---|---|
| 赣昌鲤鲫 | GS-02-001-2015 | 杂交黄颡鱼“黄优1号” | GS-02-001-2018 |
| 莫荷罗非鱼“广福1号” | GS-02-002-2015 | 云龙石斑鱼 | GS-02-002-2018 |
| 合方鲫 | GS-02-001-2016 | 杂交鲂鲌“皖江1号” | GS-02-001-2020 |
| 杂交鲟“鲟龙1号” | GS-02-002-2016 | 合方鲫2号 | GS-02-001 -2022 |
| 长珠杂交鳜 | GS-02-003-2016 | 杂交鲟“京龙1号” | GS-02-002 -2022 |
| 虎龙杂交斑 | GS-02-004-2016 | 杂交鳢“雄鳢1号” | GS-02-003 -2022 |
| 牙鲆“鲆优2号” | GS-02-005-2016 | 大菱鲆“多宝2号” | GS-02-004 -2022 |
| 太湖鲂鲌 | GS-02-001-2017 | 金鲳“晨海1号” | GS-02-005 -2022 |

表3-4 全国水产原种和良种审定委员会审定的鱼类新品种（其他类品种）

| 品种名称 | 登记号 | 品种名称 | 登记号 |
|---|---|---|---|
| 黄颡鱼“全雄1号” | GS-04-001-2010 | 翘嘴鲌“全雌1号” | GS-04-002-2020 |
| 牙鲆“北鲆1号” | GS-04-001-2011 | 全雌翘嘴鳜“鼎鳜1号” | GS-04-001-2021 |
| 尼罗罗非鱼“鹭雄1号” | GS-04-001-2012 | 翘嘴鳜“武农1号” | GS-04-001 -2022 |
| 长丰鲫 | GS-04-001-2015 | 虹鳟“全雌1号” | GS-04-002 -2022 |
| 罗非鱼“粤闽1号” | GS-04-001-2020 | | |

## 三、鱼类育种技术研究概况

可以用于鱼类育种的技术手段很多，包括选择育种、杂交育种、细胞工程育种技术、基因编辑育种技术、性别控制技术等。选择育种和杂交育种的研究和应用最多。

**1. 选择育种**

选择育种的核心是亲本的选择，BLUP（最佳线性无偏差预测）育种技术能提高选择准确性和避免近交，提高育种效果，已在我国水产动物育种中得到广泛应用。

DNA分子标记可用于计算亲本个体间的亲缘关系和辅助对亲本进行准确选择，近20年来分子标记辅助育种技术（MAS）得到了较广泛研究和一定应用。

基因组选择可以准确地对亲本进行基因型选择和选配，极大地提高选择育种效率，是目前的研究热点和重要方向。已经在大黄鱼、牙鲆、半滑舌鳎等得到应用，集美大学大黄鱼遗传育种研究团队开发出基于主效区域分子标记的选育方法，大幅度节约了候选亲本基因分型成本，已应用于大黄鱼肌肉品质、抗病性和对低鱼粉饲料适应性的遗传改良。

**2. 杂交育种**

杂交育种包括种内杂交和远缘杂交，鱼类种间生殖隔离薄弱，不同物种间的远缘杂交也成为常用的鱼类育种技术，至2022年底，国内育成的鱼类新品种中36个是远缘杂交种。但远缘杂交需要注意后代对自然水域中亲本物种的基因污染问题，配套系选育是未来鱼类育种的一个重要方向。

**3. 细胞工程育种技术**

细胞工程育种技术中，雌核发育技术能快速淘汰有害基因和使有利基因快速纯合固定，特别值得重视，已经在近20个品种中得到应用；多倍体育种也有较多研究，但应用还不多，主要在鲫中应用；细胞核移植技术在20世纪80年代前曾有不少研究，并培育出“鲤鲫移核鱼”和“鲫鲤移核鱼”，但20世纪80年代后已很少研究。

**4. 性别控制技术**

很多鱼类雌雄间生长性状或经济价值有差别，养殖单性群体效益更高，随着性别特异分子标记在越来越多的鱼类中开发成功，鱼类单性育种受到越来越多研究者重视，并在10多种鱼类中得到了应用。

**5. 转基因技术**

转基因技术是一种准确高效的育种技术，我国朱作言院士最早成功研制出转基因鱼，转基因技术已经相当成熟。转基因品种需要通过食品安全和生态安全评价才能获得生产许可，目前，全世界只有美国批准1种转基因三倍体化三文鱼用于全封闭式工厂化养殖，可有效避免生态安全问题。

**6. 基因编辑育种技术**

基因编辑是定向改变生物遗传性状的新技术，但目前对鱼类经济性状遗传控制基础了解还不多，可供编辑的用于育种的靶标基因不多，主要用于基因功能验证研究。日本报道通过基因编辑破坏肌肉生长抑制素基因培育出生长速度显著提高的河豚和真鲷，国内陈松林院士团队敲除了遗传雄性半滑舌鳎1个dmrt1基因使之发育成雌鱼，生长速度与正常雌鱼相似。不少实验室建立了鱼类基因组编辑技术，但应用到品种培育中尚有距离，另外，基因编辑鱼类的生态安全问题也还有待评估，转基因和基因编辑育成的新品种审定技术规范还在研究制订中。

### 四、问题与展望

我国鱼类育种技术研究已经达到总体国际先进、部分国际领先水平，但不同种类研究很不平衡，绝大多数养殖鱼类还没有人工培育的新品种，新品种的创制和推广都需要加强。随着国家越来越重视，鱼类育种工作和种业必将更快、更健康地发展。

## 第三节 甲壳类育种

甲壳类隶属无脊椎动物、节肢动物门，世界上的甲壳类约2.6万种，有重要经济价值的主要是虾蟹类。

### 一、甲壳类育种目标

甲壳类的育种目标是通过表型及基因型选择，准确选择含优良性状基因的个体，为其制定配种方案，如杂交、回交、轮回杂交或顶交等，经过多世代的选育，培育出生长快和抗逆性强的新品种。

## 二、甲壳类育种核心技术

甲壳类育种技术主要包括选择育种、杂交育种、多倍体育种、性别控制技术、雌核发育和基因编辑育种技术等。核心技术包括精荚移植术、种间杂交术，个体活体标识的荧光标记、眼柄标记、活体染色、形态特征无损伤快速测量仪、耐低氧能力快速测定仪和安全麻醉术等，用于系谱溯源和记录的微卫星标记的亲子鉴定、亲本溯源技术，重要经济性状相关基因及其分子标记的筛选、鉴定等。淡水沼虾的脱卵术、抱卵虾的离体孵化术、酶解法制备游离精子和精子低温保存术、周年人工室内繁育等技术的突破，为甲壳类人工繁殖和育种奠定了基础。

**1. 选择育种**

甲壳类的选择育种是应用现代基因型选择育种技术，通过全基因组选择和基因分型技术，实现早期选择，并使优良基因型组合。选择育种的关键是要维持有效群体大小、避免近交效应，因为遗传种质的衰退将大幅降低选择效应。

**2. 杂交育种**

甲壳类的杂交育种的基本原理是通过配合力测定，选择一般配合力和特殊配合力均有显著优势的个体，确定最佳杂交组合的父本和母本，以获得最大杂种优势。通过全双列杂交组合实验，确定四系配套等，可多重利用杂种优势。蟹类的种间杂交多表现为不亲和性，其受精率和孵化率均较低，杂种后代多表现为父本、母本的中间型。精荚移植术的发明，使虾类的种间杂交获得成功。

**3. 多倍体育种**

三倍体中国明对虾体长增长比二倍体快9.4%，其精巢或卵巢发育不全。

**4. 性别控制技术**

性别控制育种技术在甲壳类中有重要价值，如性成熟后的中国明对虾雌性显著大于同龄雄体，罗氏沼虾雄虾显著大于雌虾。

甲壳类的单性化技术较成熟，可用性激素投喂或浸泡法、手术移植或摘除雄性幼体造雄腺，使其性逆转，且可正常交配，显著提高后代中的目标性别。高温处理中国明对虾受精卵，可显著提高雌性率。

**5. 基因编辑育种技术**

甲壳类的基因编辑育种，是将生长激素等目标性状基因，转入雌性纳精囊，获得转基因子代。

## 三、甲壳类育种案例

### （一）虾类育种

**1. 中国明对虾品种选育**

以生长和抗逆为选育目标，通过多性状复合育种技术，育成了中国明对虾黄海1号、2号、3号和4号，使生长能力和抗逆性显著提高。

**2. 凡纳滨对虾新品种选育**

以群体选择、家系选择、家系内选择、BLUP育种等选择方法，先后选育出“科海1号”“中科1号”“中兴1号”“桂海1号”“壬海1号”“海兴农2号”“兴海1号”“正金阳 1 号”“广泰 1 号”。

**3. 青虾新品种选育**

以生长为目标性状，通过生长、耐低氧、越冬力等多性状聚合家系选育，连续 6 代培育成青虾“太湖 2 号”，同龄体重显著提高。并通过性腺成熟度监控、电刺激采精、精荚移植术，获得青虾与海南沼虾可育 F1 代杂种，成功研究出沼虾类种间杂交育种术。

**（二）蟹类育种案例**

**1. 三疣梭子蟹“黄选 2 号”**

以耐低盐和生长为目标性状，连续 5 代选育成三疣梭子蟹“黄选 2 号”。成活率和同龄体重显著提高。

**2. 中华绒螯蟹“诺亚一号”**

以生长为目标，连续 5 代选育成中华绒螯蟹“诺亚一号”。生长速度显著提高。

**3. 中华绒螯蟹“江海 21”**

以生长、步足长和额齿尖为选育指标，连续 4 代选育后，以 A 选育系（步足长）为母本、B 选育系（额齿尖）为父本，产生的杂交 F1 代即为中华绒螯蟹“江海 21”，16 月龄生长速度提高 17.0%以上。

部分新品种形态见图 3－1、图 3－2。

图 3－1 梭子蟹新品种

图 3－2 中华绒螯蟹新品种

# 第四节　贝类育种

## 一、我国贝类种质资源

目前记载的贝类种类已有 4 589 种，其中重要经济种类主要包括海水养殖的牡蛎、蛤仔、扇贝、贻贝、蛏、蚶、螺、鲍，淡水养殖的螺类、蚬类以及用于培育淡水珍珠的河蚌等。2020 年，全国水产养殖产量达 5 224 万 t，其中贝类养殖总产量达 1 498.7 万 t，占比 28.7%。海水养殖贝类产量高达 1 480 万 t，占贝类养殖总产量的 99%，淡水养殖贝类产量仅为 18.6 万 t。同时，我国是世界上贝类人工育苗规模最大、数量最多的国家，2020 年全国贝类苗种生产量达 2.68 万亿粒。

我国贝类的养殖历史悠久，早在汉代就有牡蛎养殖的记载，至今已有 2 000 多年的历史。但是，贝类的育种工作却起步很晚。长期以来，大部分海水贝类养殖苗种主要来源于自然采苗或者半人工采苗。随着 20 世纪 70 年代末工厂化人工育苗技术的突破，养殖贝类主要品种如牡蛎、扇贝、鲍等逐步开展了大规模人工养殖。由于苗种繁育所用亲本都是来源于未经过遗传改良的养殖群体，养殖个体逐渐出现了个体小、死亡率高、品质差等问题，影响了贝类养殖业的发展。直到 20 世纪 90 年代后期，针对各主要养殖贝类的遗传改良工作才逐步开展。相关科研院所、大专院校、推广机构和企业先后开展了不同贝类的遗传育种工作，培育出了大量具有显著生长优势或不同表型特点的新品种，为我国贝类养殖业的增产增收作出了重要贡献。

## 二、我国贝类新品种培育

截至 2022 年底，已经通过全国水产原种和良种审定委员会审定的贝类新品种有 51 个，其中海水贝类 47 个、淡水贝类 4 个。海水贝类新品种中，选育种 33 个、杂交种 11 个、引进种 3 个。4 个淡水贝类新品种全部是淡水育珠贝类，都是选育种（表 3－5）。目前通过审定的贝类选育新品种，主要聚焦在生长、壳色、品质、抗病等性状的遗传改良。

表 3－5　全国水产原种和良种审定委员会审定的海水贝类新品种

| 序号 | 品种名称 | 登记号 | 育种单位 |
|---|---|---|---|
| 1 | “中科红”海湾扇贝 | GS-01-004-2006 | 中国科学院海洋研究所 |
| 2 | 海大金贝 | GS-01-002-2009 | 中国海洋大学、大连獐子岛渔业集团股份有限公司 |
| 3 | 海湾扇贝“中科 2 号” | GS-01-005-2011 | 中国科学院海洋研究所 |
| 4 | 长牡蛎“海大 1 号” | GS-01-005-2013 | 中国海洋大学 |
| 5 | 栉孔扇贝“蓬莱红 2 号” | GS-01-006-2013 | 中国海洋大学、威海长青海洋科技股份有限公司、青岛八仙墩海珍品养殖有限公司 |
| 6 | 文蛤“科浙 1 号” | GS-01-007-2013 | 中国科学院海洋研究所、浙江省海洋水产养殖研究所 |
| 7 | 菲律宾蛤仔“斑马蛤” | GS-01-005-2014 | 大连海洋大学、中国科学院海洋研究所 |
| 8 | 泥蚶“乐清湾 1 号” | GS-01-006-2014 | 浙江省海洋水产养殖研究所、中国科学院海洋研究所 |

（续）

| 序号 | 品种名称 | 登记号 | 育种单位 |
|---|---|---|---|
| 9 | 文蛤“万里红” | GS-01-007-2014 | 浙江万里学院 |
| 10 | 马氏珠母贝“海选1号” | GS-01-008-2014 | 广东海洋大学、雷州市海威水产养殖有限公司、广东绍河珍珠有限公司 |
| 11 | 华贵栉孔扇贝“南澳金贝” | GS-01-009-2014 | 汕头大学 |
| 12 | 扇贝“渤海红” | GS-01-003-2015 | 青岛农业大学、青岛海弘达生物科技有限公司 |
| 13 | 虾夷扇贝“獐子岛红” | GS-01-004-2015 | 獐子岛集团股份有限公司、中国海洋大学 |
| 14 | 马氏珠母贝“南珍1号” | GS-01-005-2015 | 中国水产科学研究院南海水产研究所 |
| 15 | 马氏珠母贝“南科1号” | GS-01-006-2015 | 中国科学院南海海洋研究所、广东岸华集团有限公司 |
| 16 | 海湾扇贝“海益丰12” | GS-01-006-2016 | 中国海洋大学、烟台海益苗业有限公司 |
| 17 | 长牡蛎“海大2号” | GS-01-007-2016 | 中国海洋大学、烟台海益苗业有限公司 |
| 18 | 葡萄牙牡蛎“金蛎1号” | GS-01-008-2016 | 福建省水产研究所 |
| 19 | 菲律宾蛤仔“白斑马蛤” | GS-01-009-2016 | 大连海洋大学、中国科学院海洋研究所 |
| 20 | 虾夷扇贝“明月贝” | GS-01-010-2017 | 大连海洋大学、獐子岛集团股份有限公司 |
| 21 | 文蛤“万里2号” | GS-01-012-2017 | 浙江万里学院 |
| 22 | 缢蛏“申浙1号” | GS-01-013-2017 | 上海海洋大学、三门东航水产育苗科技有限公司 |
| 23 | 长牡蛎“海大3号” | GS-01-007-2018 | 中国海洋大学、烟台海益苗业有限公司、乳山华信食品有限公司 |
| 24 | 方斑东风螺“海泰1号” | GS-01-008-2018 | 厦门大学、海南省海洋与渔业科学院 |
| 25 | 扇贝“青农金贝” | GS-01-009-2018 | 青岛农业大学、中国科学院海洋研究所、烟台海之春水产种业科技有限公司 |
| 26 | 缢蛏“甬乐1号” | GS-01-004-2020 | 浙江万里学院、宁海海洋生物种业研究院 |
| 27 | 熊本牡蛎“华海1号” | GS-01-005-2020 | 中国科学院南海海洋研究所、广西阿蚌丁海产科技有限公司 |
| 28 | 长牡蛎“鲁益1号” | GS-01-006-2020 | 鲁东大学、山东省海洋资源与环境研究院、烟台海益苗业有限公司、烟台市崆峒岛实业有限公司 |
| 29 | 长牡蛎“海蛎1号” | GS-01-007-2020 | 中国科学院海洋研究所 |
| 30 | 菲律宾蛤仔“斑马蛤2号” | GS-01-007-2021 | 大连海洋大学、中国科学院海洋研究所 |
| 31 | 皱纹盘鲍“寻山1号” | GS-01-008-2021 | 威海长青海洋科技股份有限公司、浙江海洋大学、中国海洋大学 |
| 32 | 栉孔扇贝“蓬莱红3号” | GS-01-011-2022 | 中国海洋大学、威海长青海洋科技股份有限公司 |
| 33 | 海湾扇贝“海益丰11” | GS-01-012-2022 | 中国海洋大学、烟台海益苗业有限公司 |

选择育种是我国贝类新品种培育应用最广泛的方法，包括群体选择、家系选择及复合选择。群体选择是根据个体性状表型值进行选择的方法，该方法对遗传力较高的性状，如生长、壳色，往往能在短时间内获得较高的选育进展，如虾夷扇贝“海大金贝”、长牡蛎“海大1号”、菲律宾蛤仔“斑马蛤”、缢蛏“申浙1号”等新品种，都是通过群体选择培育出来的。家系选择是根据各家系子代平均表型值进行选择的方法，能有效选育品质及抗病等性状，家系选择往往需要构建大量的全同胞或半同胞家系，大大增加了育种的人力、物力，因此在育种过程中往往采用群体选择与家系选择相结合的复合选择方法进行选育，如长牡蛎“海大2号”“海大3号”和三角帆蚌“申紫1号”等新品种都是采用复合选择方法选育出来的（图3-3）。

长牡蛎“海大1号”

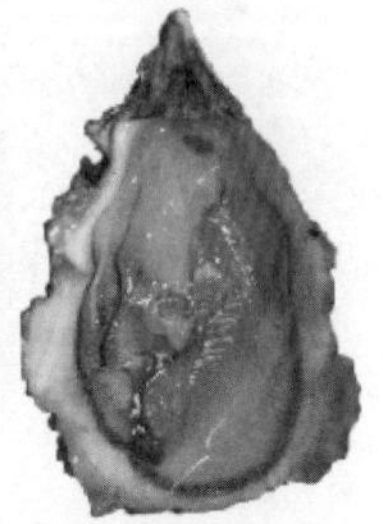

长牡蛎“海大2号”

长牡蛎“海大3号”

图3-3 牡蛎系列新品种

杂交育种也是常用的贝类新品种培育方法。通过杂交可以获得杂种优势和新的遗传变异，通常分为种间杂交和种内杂交。种间杂交即不同物种间的杂交，往往能获得较大的杂种优势，如西盘鲍为西氏鲍和皱纹盘鲍的杂交种，绿盘鲍为绿鲍和皱纹盘鲍的杂交种，但是杂交子代容易出现性状分离、育性差等问题。种内杂交通常指同一物种的不同地理群体或不同选育群体间的杂交，如杂交鲍“大连1号”是利用皱纹盘鲍日本岩手群体和我国大连群体杂交形成的杂交种，文蛤“科浙2号”是利用文蛤抗副溶血弧菌的紫壳色选育群体和快速生长选育群体之间的杂交培育而来。

贝类细胞工程育种技术中，多倍体育种是指通过物理、化学诱导或生物学方法使染色体加倍，来获得多倍体育种材料。由于贝类三倍体的不育性或育性差，可以将繁殖消耗的能量用于生长，从而达到增产、改善肉质的效果。据不完全统计，已有30多种经济贝类开展了人工诱导多倍体的研究。理想的贝类三倍体生产方法，是利用四倍体与二倍体杂交获得100%的三倍体。

近年来，随着分子生物学技术的快速发展，分子标记辅助育种技术与传统育种技术深度融合，利用与选育性状存在紧密连锁或共分离关系的分子标记，有效增加选择精准性，大大缩短育种周期，提高育种效率，如利用分子标记辅助育种技术已经培育出虾夷扇贝“海大金贝”等新品种（图3-4、图3-5）。全基因组选择育种技术，可从整个基因组层面上对目标性状进行精准选择，目前已成为研究的热点和育种的方向，并在扇贝上得到成功应用，如栉孔扇贝“蓬莱红2号”、海湾扇贝“海益丰12”，其中栉孔扇贝“蓬莱红2

号”是我国首个采用全基因组选择育种技术培育出的贝类新品种。

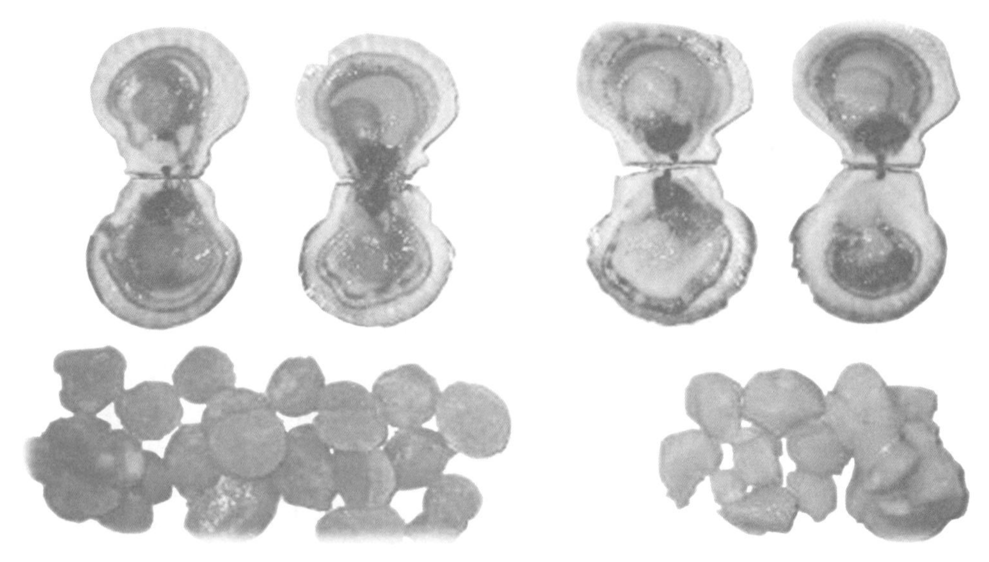

图 3-4　虾夷扇贝“海大金贝”主要性状

常规育种技术+分子育种技术

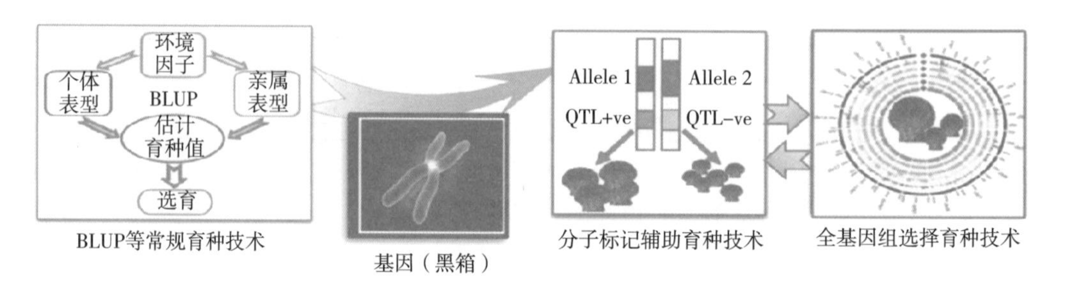


图 3-5　扇贝育种技术路线

# 第五节　藻类育种

## 一、藻类育种研究进展

20 世纪 50 年代，我国科学家在底播增殖技术的基础上，经进一步创新，首次研发了海带玻璃库自然光夏苗培育技术和筏式养殖技术，从而改变了藻类生产依赖自然环境下野生和人工增殖资源的历史，建立了海带全人工养殖技术并成功地实现了北起辽宁、南至广东的大规模养殖，从而开辟了我国海水养殖业的第一次“海带养殖”浪潮。此后，我国、日本、韩国等相继突破并实现了条斑紫菜、裙带菜、坛紫菜、龙须菜、芋根江蓠、细基江蓠繁枝变种、长心卡帕藻、麒麟菜、羊栖菜等物种的苗种扩繁和养殖技术。目前，全球大型海藻总产量占全部水生植物资源产量的 99%，并且几乎全部来自养殖产出。

基于生活史研究成果建立的藻类苗种繁育技术，以及建立在环境对藻类生长发育特性研究的养殖技术，在带动藻类养殖业蓬勃发展的同时，也增加了养殖业通过良种实现增产增收的需求。20 世纪 50 年代末期，方宗熙先生开创了以海带为对象的大型海藻遗传育种研究工作，并于 20 世纪 60 年代初期培育出国际上第一个海水养殖生物新品种“海青 1 号”海带，从而开辟了中国和全球海带良种化养殖的进程。随后国内其他课题组在 1980 年开始进行紫菜、裙带菜和江蓠等大型海藻类群的遗传育种研究。国际上，最早从 1960 年开始，由挪威和加拿大科学家分别以石莼和提克江蓠为研究对象，总结了部分大型海藻的遗传规律；1990 年之后，日本和韩国科学家以海带和条斑紫菜为对象，开展了较为广泛和深入的遗传育种研究。总体来看，海藻遗传育种历经 60 多年的发展，经历了群体遗传学、细胞遗传学、分子遗传学和基因组学等发展阶段，并在这些遗传育种研究的基础上，开展了大型海藻良种选育的研究，选育出了一批在生产上广泛应用、各具优良性状的大型海藻新品种，推动了大型海藻产业的发展。当前，大型海藻遗传育种研究主要集中在中国、日本和韩国，呈现出以基因组学技术深入解析大型海藻复杂性状遗传机制，并应用于指导品种高效改良的发展趋势。

在大型海藻遗传育种研究领域，海带是当之无愧的旗舰性物种，不仅是全球最早开展遗传育种研究的大型海藻，还是育种理论和技术方法最为全面的大型海藻。自 20 世纪 50 年代末期以来，根据海带自然群体的遗传复杂性以及温度胁迫子代生物性状的差异，奠定了海带遗传育种的基本理论基础，先后阐明了海带叶片长度、宽度、厚度和柄长，以及碘含量、干物质含量等数量性状遗传机制并评估了其性状遗传力；发现并证实了叶片表面斑点为质量性状，较为完整的揭示了海带主要性状的遗传机制。在方宗熙先生的领导和指导下，崔竞进、欧毓麟、戴继勋等老一辈科学家先后创立了海带的选择育种、单倍体育种、杂交育种和远缘杂交育种、杂种优势利用等育种技术，并培育出“单海 1 号”“单杂 10 号”“远杂 10 号”等海带新品种，进一步提升了中国海带养殖产量。由于中国海带养殖业的规模扩张以及优良品种的应用，我国海藻产业于 20 世纪 80 年代首次超过日本，成为全球第一大海藻养殖大国，至今一直保持着全球领先地位。

## 二、藻类新品种培育

20 世纪末期以来，中国海洋大学、山东东方海洋科技股份有限公司、中国科学院海洋研究所、中国水产科学研究院黄海水产研究所等单位培育的“901”“荣福”“东方 2 号”“东方 3 号”“东方 6 号”“爱伦湾”“黄官”“东方 7 号”“三海”“205”“中宝 1 号”（图 3－7）共 11 个海带国家水产新品种，进一步推动了新世纪中国海带产业的健康优质发展。FAO 出版的《世界渔业和水产养殖状况（2014）》指出，“在中国，从 2000 年到 2012 年海藻养殖产量几乎增长一倍，高产品种的开发发挥了重要作用”。

截至 2021 年，我国大型海藻共选育并通过国家审定的新品种 23 个，其中海带 11 个、条斑紫菜 2 个、坛紫菜 5 个、裙带菜 2 个、龙须菜 3 个。从大型海藻育种技术体系而言，不同类群采取了各具特色的育种路线，海带主要是通过选育、杂交或杂交后选育为主体的技术路线，2013 年育成的“三海”海带在杂交后选育过程中进一步结合了分子标记辅助育种技术，是国际首个分子辅助育种的大型海藻新品种；坛紫菜和条斑紫菜则主要通过叶状体细胞诱变后，利用单细胞（原生质体）培养技术进行连续选育的技术路线；龙须菜则采用的是诱变后无性繁殖的育种路线；裙带菜主要是采用种内杂交的技术路线。在上述大型经济海藻中，海带可广泛地实现物种间杂交，甚至有报道科间杂交子代也具有可育性，已经培育出了“901”“荣福”“东方2号”“三海”等新品种；近年来，条斑紫菜和坛紫菜杂交培育的“Y-H 001”将有望成为首个红藻种间杂交新品种。

图3-6 海带新品种（中宝1号）

国外大型海藻育种的研究对象主要是裙带菜、海带、条斑紫菜、甘紫菜等。例如，韩国政府通过资助“金种子计划”等项目增加对海藻新品种选育的研发投资，目前已有7个条斑紫菜新品种、2个坛紫菜、5个裙带菜、1个海带新品种通过韩国国家渔业部的保护注册。在日本，育种研究主要以条斑紫菜为主，迄今为止，已有13个条斑紫菜新品种在日本农业、林业和渔业部注册。近年来，美国也启动了海带育种研究工作，正在开展配子体克隆的高通量流式细胞仪分选保存和基因组测序为基础的分子数量性状遗传研究。

近十年来，在分子生物学和基因组学技术的推动下，我国的大型海藻遗传育种基础研究水平也得到了飞跃式发展，达到并超过了法国、美国等国外发达国家模式大型藻类和微藻的研究水平，现已处于国际领先水平。率先完成了海带、条斑紫菜、坛紫菜等遗传连锁图谱和主要经济性状QTL定位。2015年和2019年分别发布了2个海带基因组，2013年和2018年发布了2个龙须菜基因组；2019年发布了坛紫菜基因组并公开了长心卡帕藻基因组数据，2020年发布了裙带菜和条斑紫菜基因组，这些高质量经济海藻基因组的发布以及甘露醇、岩藻藻酸双酯钠和褐藻胶、弗洛里多苷代谢功能基因的验证，显著推动了大型海藻生物学特征、性状遗传调控机理和抗逆机制等研究的进展，持续巩固并提升着我国大型经济海藻遗传育种的国际领先地位。

## 第六节　棘皮动物育种

### 一、棘皮动物概述

棘皮动物属后口动物，现存5个纲，6 000余种，经济物种主要存在于海参纲和海胆纲中。全球约有海参1 200种，绝大多数营底栖生活，广泛分布于世界各大洋的潮间带至万米水深的海域。中国约有海参120种，经济价值较高的有10～20种。2020年我国海参养殖面积24.67万$hm^2$，产量19.65万t，全国原料产值约292亿元，全产业链产值约600亿元。海参中以产于黄、渤海的刺参为主，产业链长，品牌众多，是我国北方海水养殖支柱产业之一。南方暖水性经济海参品种丰富，包括小疣刺参、糙海参、糙刺参、梅花参和玉足海参等。

全世界现有海胆约 900 种，分布于各大洋，其中以印度洋、西太平洋区种类最多，主要分布于智利、美国、加拿大、日本和我国海域。我国主要经济海胆有 5～8 种，北方以光棘球海胆、海刺猬（俗称的黄海胆、白海胆）、马粪海胆为主；南方以紫海胆、白棘三列海胆等为主。中间球海胆又称虾夷马粪海胆，自然分布于日本的北海道及俄罗斯远东海域，大连海洋大学于 1989 年将其从日本引入我国以来，随着人工育苗、中间育成等技术相继研发成功，中间球海胆已成为我国最重要的海胆养殖种类。2020 年我国海胆养殖面积约 9 300$hm^2$，海胆（黄）产量约 8 000t，年产值约 10 亿元。市场供不应求，有望成为下一个海水养殖热点。

## 二、棘皮动物育种应用基础研究

目前，刺参、紫球海胆、绿海胆和马粪海胆的全基因组框架图已发布，中间球海胆、光棘球海胆全基因测序已完成；4 张刺参、3 张海胆的高密度遗传连锁图谱已发布，部分经济性状的 QTL 已定位，遗传参数已估计。研究者运用转录组、代谢组等技术，解析了刺参再生、夏眠等特殊生理现象，阐释了海胆性腺中高不饱和脂肪酸的组成特征和代谢调控的分子机制，获得了丰富的与海参、海胆经济性状相关的基因和分子标记，为棘皮动物分子标记开发、育种技术创新奠定了良好基础。

## 三、棘皮动物水产新品种培育

目前，棘皮动物水产新品种培育主要采用杂交、群体选择和家系选择等传统育种方法，在其过程中，运用了分子生物学技术解析了刺参、海胆新品种的某些经济性状特征。随着现代生物技术的快速发展，多倍体育种，以 QTL、全基因组选择为代表的分子标记辅助育种和基因编辑等育种方法和技术在经济棘皮动物种质创新和新品种培育中发挥着越来越重要的作用。

2009 年，经全国水产原种和良种审定委员会审定，刺参“水院 1 号”获批成为中国第一个棘皮类水产新品种，截至 2022 年，获批刺参新品种 8 个，分别为刺参“水院 1 号”、刺参“崆峒岛 1 号”、刺参“安源 1 号”、刺参“参优 1 号”、刺参“东科 1 号”、刺参“鲁海 1 号”、刺参“鲁海 2 号”（图 3－7）、刺参“华春 1 号”；截至 2022 年，获批的海胆水产新品种 2 个，分别是中间球海胆“大金”和中间球海胆“丰宝 1 号”。

## 四、问题与展望

目前棘皮动物种质资源保护和新品种培育方面存在的主要问题包括：棘皮动物种质资源保护亟待加强，如暖水性海参、海胆资源丰富，且部分种类药用价值较高，但近年来自然资源种类和数量呈快速下降趋势。整体而言，经济棘皮动物育种、养殖技术仍较落后，目前，仅刺参、中间球海胆可进行规模化全人工养殖；棘皮动物应用基础研究和育种技术研发较鱼类、贝类等落后，急需加强。棘皮动物新品种数量仍较少，还未建成产学研用融合的海参、海胆种业创新体系。

将要开展的工作有以下 3 个方面：

图 3-7 刺参新品种（鲁海 2 号）

①重视棘皮动物种质资源保护。建设海参、海胆国家水产原良种场，构建种质资源测试评估体系，建立经济棘皮动物种质资源库和信息共享服务平台。

②加快海参、海胆遗传育种研究。加强应用基础研究，创新并集成海参、海胆育种技术和配套的养殖模式。

③加快棘皮动物水产新品种培育。积极推进棘皮动物种业“育繁推一体化”建设。

## 附：本章线上课程教学负责人李琪简介

李琪，现任中国海洋大学水产学院院长、教授，国务院政府特殊津贴专家，世界牡蛎学会理事、中国区主席，中国水产流通与加工协会牡蛎分会会长，农业农村部神农领军英才，泰山学者种业计划专家，全国水产原种和良种审定委员会委员，教育部水产类专业教学指导委员会副主任委员，中国水产学会海水养殖分会副主任委员，全国水产标准化技术委员会海水养殖分技术委员会副主任委员，全国农业专业学位研究生教育指导委员会委员，*Marine Biotechnology*、“水产学报”等10个国内外学术刊物编委。

一直从事海产贝类种质资源与遗传育种研究，近年来主持国家重点研发计划、国家自然科学基金等省部级以上项目30余项。创建了长牡蛎种质资源库，揭示了生长、壳色等重要经济性状的遗传基础，培育出长牡蛎“海大1号”“海大2号”“海大3号”“海大4号”系列新品种并实现产业化应用。作为第一和通讯作者发表论文443篇，其中SCI收录288篇；出版著作12部，授权发明专利50项，获2021年度海洋工程科学技术奖一等奖（第1位）。

# 第四章 CHAPTER 4

# 水产动物营养与饲料

## 第一节　水产动物营养与饲料概述

### 一、水产动物营养与饲料学科简介

民以食为天，食以安为先，这个道理也同样适用于水产养殖动物。饲料是水产养殖“水、种、病、饵、养”五大要素之一，要想养出质量高、品质好的水产动物，就必须为养殖动物提供优质饲料。我国是世界水产养殖第一大国，2022 年水产养殖总量达到 5 500 万 t，占世界水产养殖总量的 70%以上。我国也是世界水产饲料生产第一大国，2022 年水产饲料总量达到 2 526 万 t。现代化的水产饲料工业体系支撑着我国世界第一规模的水产养殖。

水产动物营养与饲料学是一门阐明营养物质摄入与生命活动之间关系的科学，研究水产动物的营养需求特点、规律及其指导下的饲料配制及加工工艺和投饲技术。人工养殖的水产动物都是它的研究对象，如鱼类、虾类、蟹类、鳖类、鲍类等。水产动物营养学就是研究水产动物的摄食、营养物质在体内的消化吸收和代谢，研究营养物质对机体生理机能、生化过程、生长和繁殖活动的影响，研究水产动物对营养物质的定性和定量需要的一门科学。水产动物饲料学的任务就是以水产动物营养学研究为依据，制定营养均衡的饲料配方，选择科学的加工工艺，生产出保证水产动物正常生长、发育、繁殖、健康和动物福利、成本合理的配合饲料，并且要求保障养殖产品的质量和食用安全。此外，必须尽可能减少和消除由于饲料的使用对养殖环境造成的负面影响，以利水产养殖业的可持续发展。

### 二、水产动物营养与饲料产业发展

#### （一）水产饲料在水产养殖中的重要作用

我国水产养殖具有悠久的历史。在春秋末年，范蠡就编写了世界上第一部养鱼专著《养鱼经》。自 20 世纪 70 年代末改革开放以来，在我国政府相关政策的支持和科技进步的推动下，水产养殖事业飞速发展，取得了举世瞩目的巨大成就。我国 1978 年水产养殖的产量为 110 万 t，仅占水产总产量的 25%。到 2022 年水产养殖产量达到 5 500 万 t，占比超过 70%。根据联合国粮农组织 FAO 数据显示，中国水产养殖产量连续 32 年稳居世界第一，是国际上首屈一指的水产养殖大国。我国水产养殖业的快速崛起离不开饲料工业的发展。现代水产养殖往往都是高密度集约化养殖，只有优质的饲料才能提供均衡的营养，同时还能保证对水环境的不利影响降到最低。饲料成本占水产养殖成本的 60%以上，高效的饲料能够降低饲料系数，节约养殖成本，增加水产养殖的盈利能力。水产动物营养与饲料在我国水产养殖发展中有着举足轻重的地位。

### （二）水产饲料工业发展历程

全球水产动物营养研究与饲料工业发展最早的是美国，其在20世纪30年代开始发展，到20世纪50年代饲料开始商业化生产。而欧洲和日本则起步于20世纪50年代。虽然美国、日本和欧洲是水产动物营养研究与水产饲料商业化生产最早的国家和地区，但是他们不是水产养殖的主产区，它们的水产饲料总量并不大。我国水产动物营养研究与饲料工业的发展呈现出“起步晚、发展快”的特点。我国渔用配合饲料的研究可追溯到1958年，当时是将几种原料混合投喂，由于当时水产养殖业尚处于传统生产阶段，配合饲料的研究生产并未得到重视，不久便告中断。1976—1979年，农林部提出将颗粒饲料养鱼作为重点项目并进行推广。我国真正开展水产动物营养与饲料学研究与进行商业化生产始于20世纪80年代，起步晚、历史短。20世纪90年代开始进入快速发展时期，对水产动物营养与饲料进行了系统研究。2000年以后则进入了提高与跨越的发展阶段，这个时期的水产动物营养与饲料行业朝着“高质、安全、规模化”特点发展。中国水产饲料业随着改革开放的兴起、发展、壮大，短短40年经历了从无到有、从小到大、从弱到强，到产量雄踞世界第一的波澜壮阔的发展历程。

我国水产动物营养研究与饲料工业发展取巨大成就，首先离不开我国水产动物营养与饲料学领域科技工作者的前赴后继、不断奉献和努力。我国水产动物营养研究的国际影响力逐步提高，在部分研究领域已经达到国际领先水平。同时，离不开我国农业政策的支持，在良好政策的支持下，我国在水产动物营养研究和高质量配合饲料开发方面都取得了可喜的进步，水产饲料产量的提升则进一步促进了水产养殖行业的快速发展。

### （三）水产饲料行业未来发展方向

未来水产养殖面临着饲料原料短缺、环境恶化等挑战，相应地，对水产饲料的发展也提出了新的要求。在未来，我们需要设计更精准的饲料配方提高原料利用率，实现靶向营养调控，以及开发功能性饲料。在全球人口增加的大背景下，未来功能性饲料除了要满足水产动物营养的需求以外，还要满足人们对功能性水产品的需求。这些都可通过饲料的靶向营养调控来解决，比如生产小孩、孕妇、老人等不同人群吃的水产品，以及为弱势群体提供的水产品等。

## 三、水产饲料加工工艺和设备

### （一）水产饲料加工工艺

《中国制造2025》将“全面推动绿色制造”作为九大战略重点和任务之一，明确提出要“建设绿色工厂，实现用地集约化、原料无害化、生产洁净化、废物资源化、能源低碳化”。我国饲料产量自2011年起成为全球第一，2021年饲料总产量达2.9亿t，产值超万亿元。工厂是饲料行业的主体，实现精细加工、保证产品质量安全是饲料行业践行绿色制造，可持续发展的核心要义。饲料产品质量不仅取决于饲料原料和配方，还取决于生产加工过程，先进合理的生产管理工艺与设备配置不仅可以提高生产效率，降低能耗，还可以提高饲料的营养价值和利用效率，保证饲料产品质量安全。

配合饲料是根据动物的营养需要，按照饲料配方，将多种原料按一定比例均匀混合，并经适当加工而成的具有一定形状的饲料。鱼、虾配合饲料的加工工艺分为膨化工艺、制粒工艺，一般要经过原料的接收和清理、粉碎、配料、混合、调质、膨化/制粒、烘干/后熟化、后喷涂、冷却、筛分、包装等加工工序。原料的接收和清理工序就是散装和包装原料由投料接收口接收后，经过除杂清理筛（去除非金属杂物）、永磁筒（去除金属杂物），经由输送设备（如提升机、刮板机）输送进入各类料仓。粉碎工序是将大颗粒的物料被粉碎为满足饲料产品大小需要的颗粒，之后输送至配料仓。配料工序是把位于配料仓中的不同物料，根据动物营养的需要，按照生产配方相应的比例，以批次的方式，准确称量后输送到混合机中，并加入不同的微量元素进行混合，混合均匀的物料输送到膨化或制粒工序。在膨化或制粒工序前，会有调质工序，需根据原料和配方的物化特性不同，添加不同比例的水和蒸汽，然后在膨化或制粒过程中，通过机械能的作用，使物料发生理化性质的变化，最后形成高温高湿的饲料颗粒。之后膨化颗粒饲料进入烘干工序，制粒颗粒饲料进入后熟化或直接冷却工序。最后，烘干后的膨化颗粒（如高油脂饲料）进行后喷涂工序，后喷涂膨化颗粒饲料或后熟化制粒颗粒饲料冷却后打包形成产品（图 4－1）。

现代饲料加工技术可通过温度、压力、电磁、振动等手段，对工艺过程中的物料和设备的态进行监控；根据原料加工特性数据库，通过云储存、大数据计算和数字孪生等方法，对工艺过程和设备参数进行实时自主的调整，从而实现数字化、智能化。现代数字化工厂可从投料到包装，使用全自动化的设备。

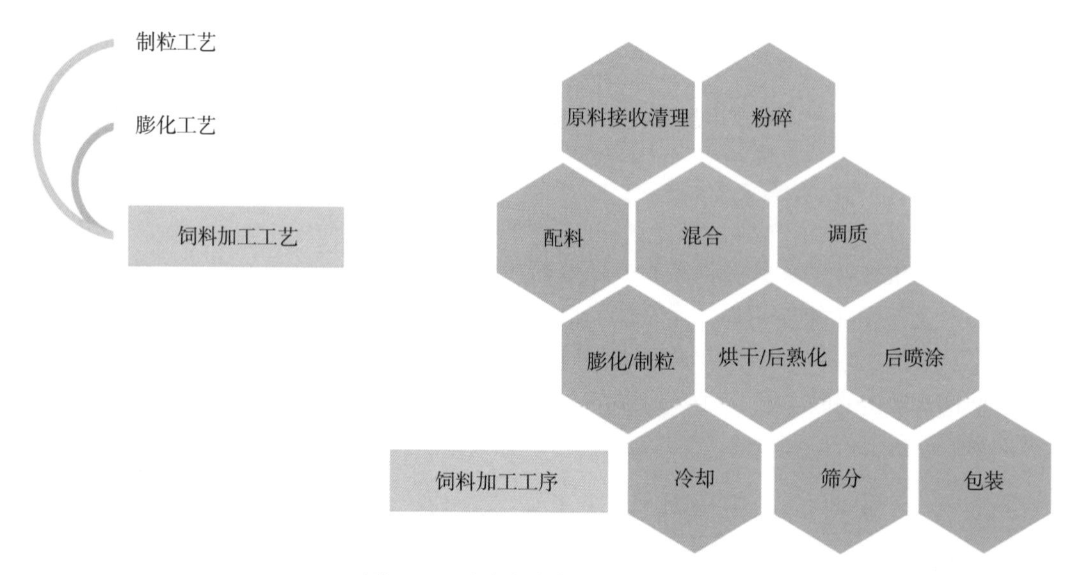


图 4－1　水产饲料加工工艺流程图

### （二）水产饲料加工设备

我国饲料装备的智能化与欧美发达国家相比还有一定差距，特别是针对当前原料多元性配方替代鱼粉、豆粕饲料配方模式，以及适用于特种水产动物的高蛋白、高脂肪、低淀粉饲料的生产。不仅需要灵敏度更高、调控性更灵活的耐热传感器和自动控制设备，还需要针对传统饲料原料及新型非粮饲料原料（如发酵蛋白原料，藻、菌等单细胞蛋白，昆虫蛋白，棉籽及菜籽浓缩蛋白等）构建营养成分及加工特性数据库，以大数据为基础进行多维度分析，对饲料物理质量、养分消化率及饲喂后动物生长性能进行建模预测，通过工业互联网、物联网技术实现实时、自动调整关键加工参数，优化产品质量并稳定高效生产，为后续精准投喂以及智慧养殖产业提供技术支撑。

## 第二节 三大营养素功能及原料

动物获取并利用饲料的过程称为动物营养，研究动物营养的科学即为动物营养学。饲料是营养素的载体，含有动物所需要的营养素，所谓营养素是指能被动物消化吸收、提供能量、构成机体及调节生理机能的物质。水产动物的营养素包括蛋白质、脂类、糖类、维生素和矿物质5大类。

### 一、蛋白质功能与蛋白源

蛋白质是以氨基酸为基本单位所构成的，有特定结构并且具有一定生物学功能的一类重要的生物大分子。氨基酸指的是含有氨基和酸性基团的有机物质，其中赖氨酸、蛋氨酸等10种氨基酸因在鱼类体内不能自行合成，或合成量不能满足需要，被称为鱼类的必需氨基酸。组成氨基酸链的是肽键，是由一个氨基酸的α-羧基与另一个氨基酸的α-氨基脱水缩合而成。

蛋白质具有如下主要生理功能：

①蛋白质是构建机体组织细胞的主要成分。

②蛋白质是动物体内特殊功能物质的主要成分，比如酶、激素、抗体等。

③蛋白质是组织更新、修复的主要原料。在动物的新陈代谢过程中，组织的更新、损伤组织的修复都需要蛋白质。

④提供能量。在机体能量供应不足时，蛋白质能分解产生能量以维持机体的代谢活动。

鱼粉，因其必需氨基酸和脂肪酸含量高、碳水化合物含量低、适口性好、抗营养因子少以及能够被养殖动物很好的消化吸收等特点，成为水产饲料传统的优质蛋白源。但随着对鱼粉需求的增加以及用于制作鱼粉的野生渔业资源的减少，鱼粉短缺逐渐成为影响水产饲料工业健康发展的限制因素。为此，豆粕、菜籽粕、花生粕、鸡肉粉、猪肉粉等鱼粉替代蛋白源已经在水产饲料中大量使用。近些年，棉籽浓缩蛋白、乙醇梭菌蛋白、小球藻粉、黄粉虫粉等新型非粮蛋白的研发和应用也得到了极大的发展。

### 二、脂类功能与脂肪源

脂类物质按其结构可分为中性脂肪和类脂质两大类。中性脂肪是三分子脂肪酸和甘油形成的酯类化合物，故又名甘油三酯。甘油三酯是动物体内积累最多的脂类，平时大家所说的脂肪，家里炒菜的猪油、大豆油、花生油等，都主要是甘油三酯。甘油三酯所携带的脂肪酸种类差异决定了甘油三酯的性质差异。脂肪酸的基本形态是偶数的碳链结构，有些碳链中存在不饱和键，就称为不饱和脂肪酸，而没有不饱和键的脂肪酸就叫饱和脂肪酸。像猪油、牛油等常温下固态的油脂大多富含饱和脂肪酸，而菜油、鱼油等常温下液态的油脂则含有较高的不饱和脂肪酸。水产动物中富含较高比例的对人体健康有益的ω-3不饱和脂肪酸，其本质就是水产动物体内的甘油三酯含有更高的ω-3不饱和脂肪酸。而水产动物，也是当前人类几乎唯一能方便获得ω-3不饱和脂肪酸的食品种类。在实际生产中，有

些 ω-3 不饱和脂肪酸是鱼、虾类维持正常生长发育健康所必需的，但鱼、虾本身不能合成，或合成量不能满足需要，必须依赖饲料直接提供，所以给鱼、虾制作饲料，就要非常注意必需脂肪酸的供应。除了甘油三酯，还有很多的类脂质，常见的类脂质有磷脂、蜡、糖脂和固醇等。

脂类在水产动物的生长和代谢中发挥重要的功能。首先，脂类是组织细胞的组成成分，其中磷脂和糖脂是细胞膜的重要组成成分，而甘油三酯则往往是细胞中贮存能量的主要物质。其次，脂类也是某些激素和维生素的合成原料，如胆固醇是合成性激素的重要原料。此外，脂类也是一些脂溶性维生素吸收和运输的物质前提，脂类不足或缺乏就会影响这类维生素的吸收和利用。最后，由于脂类是含能量最高的营养素，其产热量高于糖类和蛋白质，因此，脂类是向机体供能的主要营养物质。鱼、虾类由于对碳水化合物的利用率低，因此脂类作为能源物质的利用显得特别重要。当饲料中含有适量脂肪时，还可减少蛋白质的分解供能，从而节约饲料蛋白质、提高饲料蛋白质利用率，这一作用被称为脂肪的节约蛋白质作用。饲料中脂肪含量不足或缺乏，可导致鱼、虾类代谢紊乱，饲料蛋白质利用效率下降，出现脂溶性维生素和必需脂肪酸缺乏症。但饲料中脂肪含量过高，又会导致鱼体脂肪沉积过多，甚至发生脂肪肝病，损害鱼体健康。

因此，饲料中脂肪含量须适宜，而选择不同脂肪酸组成的脂肪源也显得尤为重要。传统上，从海洋捕捞品中提取的鱼油是优质的饲料脂肪源，但随着水产养殖业的快速发展，海洋渔业资源已逐渐不能满足水产饲料工业发展的需要。目前，用菜籽油、大豆油等植物油替代鱼油，已广泛应用于鱼类饲料生产。但是，不合理的鱼油替代也容易出现一系列问题，如当植物油替代鱼油的比例过高的时候，会导致脂肪异常沉积、产生炎症反应、降低免疫力、鱼肉 ω-3 不饱和脂肪酸含量降低等。因此，对脂肪代谢和饲料脂肪使用原理进行深入研究，是学科和产业发展的迫切需求。

## 三、糖类功能与糖源

糖类又称碳水化合物，是自然界中分布极为广泛的一类有机化合物。植物中的淀粉、纤维素，动物组织中的糖原、糖胺聚糖，以及蜂蜜和水果中的葡萄糖、果糖等都是糖类。糖类是一类非常重要的营养素，也是人和动物所需能量的重要来源，因此，糖类物质常常是动物饲料的重要原料之一。糖类按其在动物体内的生理功能，可分为可消化糖和粗纤维两大类。可消化糖包括单糖、糊精、淀粉等。可消化糖的一些生理功能与蛋白质和脂质的功能类似，例如，是体组织细胞的组成成分，多糖分解产生的葡萄糖是重要的能量来源等。摄入的糖类基本为可消化糖，在满足鱼、虾能量需要后，多余部分则被运送至某些器官、组织中（主要是肝脏和肌肉组织）合成糖原，储存备用。糖类还可以在体内通过代谢转化成为其他营养素如脂肪和非必需氨基酸，如糖类可为鱼、虾合成非必需氨基酸提供碳架。如果动物能很好地分解糖类供能，糖类也可减少饲料蛋白质的分解利用，从而发挥蛋白节约效应。同时，糖类分解所导致的 ATP 大量合成也有利于氨基酸的活化和蛋白质的合成，从而提高饲料蛋白质的利用效率。粗纤维包括纤维素、半纤维素、木质素等，一般不能被鱼、虾消化、利用，但却是维持鱼、虾健康所必要的。饲料中适当的纤维素含量具有刺激消化酶分泌、促进消化道蠕动的作用。

在畜禽饲料中，糖类的含量往往在 50%以上。鱼、虾虽然与陆生动物一样，可以利用糖类作为其能量的来源，但是与畜禽相比，鱼、虾对糖类的利用率较低。造成鱼、虾对糖利用率低的因素较多，目前认为可能与鱼、虾的糖代谢酶活性较低、糖分解和合成通路不协调和胰岛素敏感性低等有关。一般认为，高纬度地区的海洋肉食性鱼类对糖类的利用能力要低于低纬度地区的淡水杂食或者草食性鱼类。尽管鱼、虾不善利用糖类，但糖类物质是最廉价而丰富的营养物质和饲料源，因此饲料中合理使用淀粉等糖类可以有效降低饲料成本，以及可以作为制粒颗粒饲料和膨化颗粒饲料的黏合剂，改善饲料颗粒的物理性状。此外，虽然饲料粗纤维只能在某些肠道细菌的作用后才能被利用，但研究证明饲料中含有适量的粗纤维对维持鱼、虾消化道的正常功能具有重要的作用。从配合饲料生产的角度讲，在饲料中适当配以纤维素，也有助于降低成本，拓宽饲料原料来源。不过，大量研究都证明，饲料中的可消化糖和纤维素过高都会造成鱼体代谢和消化障碍、排泄过多等问题，导致鱼类生长速度和饲料效率下降以及产生水质污染问题。因此，在饲料中科学添加糖类物质是提高饲料营养性和经济性的重要研究内容。

## 四、维生素功能

蛋白质、脂肪和糖类是动物的三大营养素，占饲料总组成的80%～90%，是动物体组成的基本单元和重要能量来源。然而，仅三大营养素并不能完全满足养殖动物的营养需求，现代营养学的进步就在于发现了一些动物需求量虽然很小，但对动物的生长和存活却至关重要的微量营养素，比如维生素。

按照溶解性可将维生素分为脂溶性维生素和水溶性维生素两大类。顾名思义，脂溶性维生素是可以溶于脂肪或脂肪溶剂而不溶于水的维生素，包括维生素A、维生素D、维生素E和维生素K。水溶性维生素是能够溶解于水的维生素，对酸稳定，易被碱破坏。它们包括B族维生素、硫辛酸和维生素C等。动物对维生素需要量很少，每日所需量仅以毫克（mg）或微克（μg）计算，但却是动物和人类正常代谢和生长所需的微量有机化合物，尤其在三大营养物质的代谢中发挥着不可或缺的作用。

维生素的功能概括起来主要包括以下三个方面：第一，作为辅酶参与物质代谢和能量代谢的调控；第二，作为生理活性物质直接参与生理活动；第三，作为生物体内的抗氧化剂保护细胞和器官组织的正常结构和生理功能。对于多数维生素，动物本身没有全程合成的能力，或合成量不足以满足营养需要，主要依赖食物供给，与反刍动物肠道微生物能合成足够的维生素 $B_{12}$ 和维生素K相比，鱼类肠道微生物合成维生素 $B_{12}$ 和维生素K的能力非常低，需要外源添加以满足需要。当水产动物饲料中维生素供给不足时，会导致动物正常的生理功能、生长、发育和繁殖所需要的维生素不能得到满足，进而产生代谢紊乱或病理性变化，甚至出现典型的维生素缺乏症。在实际生产中，水产动物维生素缺乏症有多种共性的表现，如采食量下降、抗应激能力下降、贫血等，同时还可能伴有体表色素异常、充血、黏液减少、体表粗糙、眼球突出、脊柱弯曲等症状。

水产动物对维生素的需要包括对维生素种类的定性需要和定量需要。配合饲料中维生素总量分别来自饲料原料中维生素含量和维生素的添加量。考虑到饲料加工和储藏过程中维生素的损失和动物对饲料中维生素的利用率，在实际生产中，一般是将水产动物对维生素需要量作为维生素预混料的供给量进行配方设计，将饲料原料中的维生素含量以及肠道微生物可能合成的维生素量忽略不计。另外，还可以根据饲料加工工艺、养殖模式、环境应激等情况，适当提高某些维生素的添加量，以确保水产动物不会出现维生素缺乏症。水溶性维生素很难在体内蓄积并产生毒性作用，但过量的脂溶性维生素可能会在鱼体内产生毒性作用，影响鱼类的生长。因此，了解各种水产动物对维生素的准确需要量并深入研究每种维生素的作用原理极为重要。

### 五、矿物质功能

矿物质是水产动物营养中的一大类无机营养素。矿物质在食物和动物体内都是以无机元素的形式存在，既不能被合成也不能被分解。按照动物对必需矿物元素的需要量不同，必需矿物元素被分为常量元素和微量元素，其中常量元素包括钠、钾、氯、钙、磷、硫、镁，而微量元素包括铁、铜、锰、锌、碘、硒、氟等 16 种已被证明具有生理功能的矿物质。一般而言，矿物质的化学性质决定了他们的生理功能，他们能得到或失去电子，从而表现出不同的生理功能。矿物元素的主要生理功能可归纳如下：

①作为水产动物的体组织或功能性物质的成分，如 Ca、P、Mg、F 等矿物质能够作为骨骼、牙齿、鳞片、甲壳及其他体组织的构成成分；Fe 是血红蛋白的组成成分；I 是甲状腺素的组成成分。

②作为酶的辅基或激活剂，如 Zn 是碳酸酐酶的辅基，Cu 是细胞色素氧化酶的辅基等。

③Na、K、Cl 等元素能够维持体液的渗透压和酸碱平衡。

④特定的金属元素与特异性蛋白结合形成金属酶，具独特的催化作用。

⑤Ca 元素能够维持神经和肌肉的正常敏感性。

与大多数陆生动物不同，水产动物除了从饲料中获得矿物元素外，还可以从水环境中吸收矿物元素，淡水鱼主要通过鳃和体表吸收，而海水鱼则从肠和体表吸收。此外，由于水产动物生活在水环境中，不像陆生动物一样需要强大的骨骼系统支撑和平衡身体，所以对合成骨骼组织的 Ca、P 需要量相对较低。

目前主要养殖品种的主要矿物元素的需要量参数已经确定，然而我国水产动物种类繁多，关于水产饲料中矿物元素的定量补充仍存在一些问题，在大部分养殖品种中，如饲料中矿物元素营养不平衡致使鱼、虾摄入的某些元素不足或过量，往往会导致鱼、虾出现病理反应或缺乏症。实际上，淡水、咸淡水或海水种类在矿物元素的吸收利用上存在着明显的差异，而无机微量元素的需要量或毒性还受水体 pH 的影响。所以，在水产饲料配方中不仅要考虑单个元素的需要量，还要考虑不同元素之间在肠道、机体组织中的相互作用，水环境中矿物元素的含量以及水产动物种类、大小、性别等因素。此外，目前研究发现矿物元素对水产动物免疫反应、疾病防治以及繁殖等方面都有许多影响。因此，水产动物中不同矿物质的功能及准确需要量在未来仍将是营养学研究的重要领域之一。

## 第三节　水产饲料配方设计与投饲技术

### 一、水产饲料配方设计

人们的一日三餐常常需要注意荤素搭配、营养均衡，这个道理在水产饲料中也是适用的。饲料配方的设计是根据养殖对象的营养需要参数和饲料原料的营养成分，应用一定的计算方法，将各原料按一定比例配合，制定出能够满足养殖对象营养需要的饲料配方（也就是原料组合）的一种运算过程。不同的养殖对象或同一养殖对象的不同发育阶段、不同的养殖模式，配合饲料的配方、营养成分、加工成的物理形状和规格都有所不同。饲料配方的设计遵循以下基本原则：

①营养性原则。必须以鱼、虾的营养需要量和营养生理特点为配方设计的依据，营养物质含量过少会造成营养不良，而过多会造成代谢负担和浪费。

②适口性原则。饲料适口性的好坏、是否符合养殖对象的摄食行为特征，直接影响养殖对象的摄食量。适口性差或不符合养殖对象摄食行为特点的饲料，即使营养价值很全面，也会因摄食量不够，达不到预期的效果。

③经济性原则。获得最佳性价比是配方设计的最终目标。因此，饲料配方必须在质量与价格之间权衡，尽可能在保证一定生产性能的前提下，提高饲料配方的经济性。

④可加工性原则。在选择饲料原料时要考虑饲料原料的种类、数量的稳定供应，质量的稳定性和原料特性，以满足加工工艺要求。

⑤市场认同性原则。必须明确产品的定位、档次、客户范围以及特定需求，现在与未来市场对本产品的认可与接受前景等。

⑥稳定性原则。集约化和规模化养殖对配合饲料成分变化很敏感，因此，饲料配方的设计应考虑能在一定时间内保持相对稳定。

⑦灵活性原则。饲料应有一定的稳定性，但也不是一成不变。当季节和天气发生变化、地域不同、环境差异、动物的健康状况变化时，饲料配方也应做相应调整，才能最大限度以最低的投入保证最大的收益。

⑧安全合法性原则。为了保障养殖动物和人类的健康，饲料配方的设计应符合国家有关的法律法规。

## 二、水产饲料投饲技术

一颗颗小小的饲料凝聚了精准的营养学研究、科学的饲料配方设计以及先进的饲料加工技术，但饲料最终被水产动物摄取之前，还有一个非常重要的环节，即科学的投饲技术。在水产养殖生产过程中，合理选用优质饲料，采用科学的投饲技术，可以保证养殖对象正常生长，降低生产成本、提高经济效益、减少环境污染。如果投饲技术不合理，则会造成饲料浪费，降低养殖效益。明代黄省曾在公元 1618 年所著的《种鱼经》中便有投饵"须有定时"的记载，我国传统养鱼生产中提倡的"四定"和"三看"的投饲原则，是对投饲技术的高度概括。"三看"是指在投饲前看天气、看水质、看鱼情。"四定"是指定质、定量、定时和定位。定质是指投饲的饲料质量要稳定，且满足养殖动物的营养需要。定量是指根据预估的生物量及生长状态决定投喂量，投喂量不足时，鱼常处于半饥饿状态而生长缓慢或不生长，还会引起鱼激烈抢食，导致在收获时鱼的个体大小差异大；投喂过量时，不但饲料利用低，而且会败坏水质。定时和定位是指投喂时的时间和地点要固定，因为鱼一经投喂驯养后，会形成一种习惯，经常会按时到投喂点觅食，所以饲养的鱼在适宜生长时间里，要每天在一定的时间和地点投喂，以便鱼集中摄食。传统养殖需要从业人员肉眼判断鱼的进食状态，容易受到个人经验水平和外界因素的影响，无法做到大规模集约化养殖。近年来，基于新一代信息技术的发展，根据水产动物行为和生长状态的变化进行智能投喂控制越来越受到人们的关注，智能投喂控制是根据水质及水产动物行为参数构建投饲模型，可以自动确定养殖对象的摄食需求，决策出最优投喂方案，从而降低劳动成本，提高生产和环境效益。

据专家估计，到2050年，我国将迈入水产科技强国行列，引领世界水产科技发展，我国水产品总量将达1亿t，95%以上来自养殖，以满足人们对优质安全水产品日益增加的需求，水产将实现产业优化、产地优美、产品优质。对未来水产动物营养与饲料的发展赋予了更高的历史使命，靶向精准营养、健康品质营养可控、智能投喂、环境友好将是未来的发展趋势。

## 附：本章线上课程教学负责人张文兵简介

张文兵，水产动物营养与饲料领域知名专家。中国海洋大学水产学院教授。教育部新世纪优秀人才，山东省泰山学者特聘专家，水产动物营养与饲料农业农村部重点实验室学术委员会委员，现代农业产业技术体系“贝类体系”腹足类营养与饲料岗位科学家，“十三五”国家重点图书出版规划项目资助专著“非粮型蛋白质饲料资源开发现状与高效利用策略”、国际学术刊物 *Aquaculture Reports* 的共同主编。国家级精品课程“水产动物营养与饲料学”主讲教师，“水产动物营养与饲料学”国家一流课程建设负责人。发表 SCI 收录论文 126 篇，获得 15 项国家发明专利，获得国家科技进步二等奖 1 项，教育部科技奖励一等奖 2 项。

# 第五章

CHAPTER 5

# 水产动物医学

## 第一节 水产动物疾病与水产动物病害学

### 一、水产动物疾病的特点

普通高等院校的水产养殖学专业，均会开设水产动物病害学及相关的系列课程，目的是培养从事预防控制和诊断治疗鱼类、虾蟹类、鳖类等水生动物病害的专业技术人才。

水产动物有的生活在淡水，有的生活在海水，它们与陆生动物的生活环境差异很大。另外，水产动物为变温动物，其生理状况受水环境的影响较大，因此，疾病发生的特点和规律与陆生动物不同，更具有复杂性。水产动物疾病的特点有以下几点：

①疾病种类繁多危害严重。养殖的水产动物（鱼类、虾蟹类、贝类等）种类多，相应的疾病种类也多，且生产实践中病害频发，常发生大批死亡现象，给水产养殖业造成巨大经济损失，严重影响水产养殖业的健康可持续发展。

②发病具有群体性。水产动物受水环境和水温影响较大，疾病容易传播，潜伏期不易掌握，疾病容易暴发，造成大规模死亡。

③诊断方式不同。人类无法与水产动物进行语言交流，因此诊断需要具备丰富的知识和经验，掌握必要的诊断技术和方法。

④治疗措施特殊。人或陆生动物生病，一般采用个体用药方式进行个体治疗，而水产动物患病，通常采用群体用药方式进行群体治疗。

⑤疫病隔离困难。水生生物生活在大海、江河、湖泊中，当有重大疫病发生时，疫病的隔离极为困难。

⑥食品安全。养殖的水产品，最终是提供给人们消费的，食品安全性是最基本的要求。因此，在防治水产动物病害时，不仅要考虑到保护环境（环境友好），还要关注水产品质量。

### 二、水产动物病害学

水产动物病害学主要研究水产动物疾病发生的病因、致病机理、流行规律以及检测、诊断技术、预防措施和治疗方法等，理论性和实践性都很强。一方面以免疫学、分子生物学、微生物学、动物生理学、动物组织学、寄生虫学、病理学、药理学、流行病学、水环境学等学科为基础；另一方面密切结合水产动物养殖生产实践，通过对水产动物病害的检测、诊断、预防和治疗，为水产养殖业服务，并发展其学科体系。水产动物病害学是一门具有明确研究对象、独特研究思路和解决问题方法的科学，主要包含养殖鱼类、虾蟹类、贝类等水产动物的病原、病理、免疫、渔用药物与药理、疾病的诊断与预防控制等内容（图 5－1）。

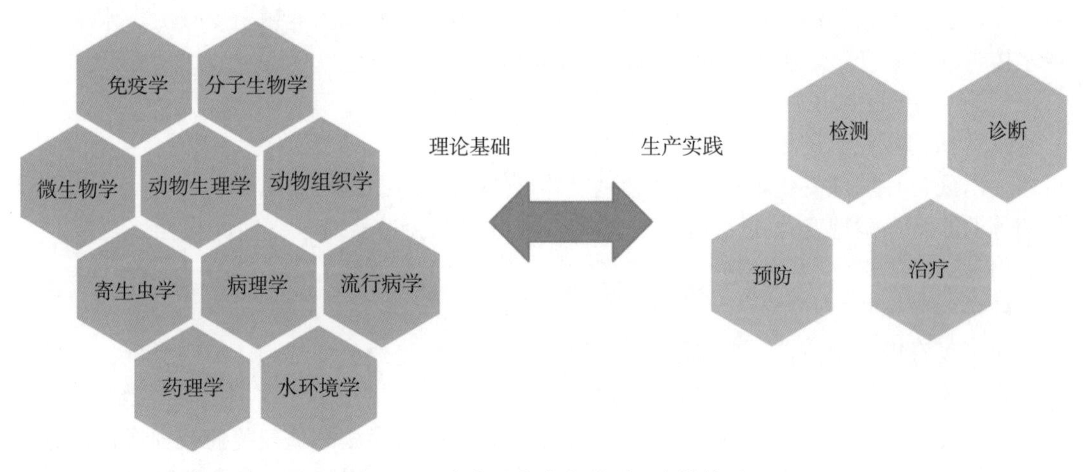


图 5－1　水产动物病害学课程支撑体系

### （一）水产动物病原（因）学

水产动物病原（因）学主要研究水产动物疾病的发病原因，包括生物性与非生物性两大类。生物性病原包括病毒、细菌、真菌、寄生虫等。非生物性病原包括水体的理化因子突变、物理机械损伤等。

#### 1. 病毒

病毒是一类个体微小，由蛋白质外壳和 DNA 或 RNA 单一核酸组成、专性活细胞内寄生的以复制方式进行繁殖的微生物。病毒需要借助电子显微镜才能观察到，它可利用寄生的宿主细胞系统进行自我复制，在合适的条件下，增殖快速、传染力强，可形成暴发性、危害严重的疾病。感染水产动物的病毒主要有虹彩病毒、弹状病毒、疱疹病毒、呼肠孤病毒、杆状病毒等。

#### 2. 细菌

细菌是一类形状细短、结构简单、多以二分裂方式进行繁殖的微生物，在水环境中分布广泛。与病毒不同，细菌可以在培养基上培养，能在光学显微镜下观察到。在水产养殖生产中，细菌是常见和危害较为严重的一类病原微生物。当水产动物生理状况不佳、免疫力低下或水环境条件适宜细菌生长的情况下，病原细菌会侵入水产动物，快速繁殖并分泌毒素从而引起感染，造成水产动物的死亡。常见的细菌性病原有弧菌、爱德华氏菌、假单胞菌、气单胞菌、链球菌、诺卡氏菌等。

#### 3. 真菌

真菌是一类真核的单细胞或多细胞体。水产动物的真菌性病原主要有水霉、丝囊霉菌、鱼醉菌、镰刀菌等。

#### 4. 寄生虫

寄生虫是一类真核生物，具有各种特化的细胞器或器官（如鞭毛、纤毛、伪足、吸管、胞口、伸缩泡等）行使运动、摄食、营养、代谢、应激与生殖等各项生理功能。寄生虫是一大类常见的病原生物，常引起水产动物发病或死亡。常见的有鞭毛虫、孢子虫、纤毛虫、单殖吸虫、复殖吸虫、绦虫、线虫、棘头虫和寄生性甲壳类等。

**5. 非生物性的疾病**

养殖水体的温度、盐度、溶氧量、光照、酸碱度的异常变动，养殖动物密度过大、营养不良、遗传缺陷、污染物等都可能引起非生物性的疾病，如当养殖密度较大、水温过高或水体含氧量较低时，水产动物会因缺氧造成浮头，甚至泛池。

### （二）水产动物病理学

水产动物病理学是临床上诊断和防治疾病的重要基础。水产动物受病原侵染患病后，机体会出现各种病理变化，集中表现为某些器官或局部组织的形态结构、功能活动和物质代谢等的改变。病理变化主要表现为充血、出血、水肿、萎缩、变性、代偿、化生、再生、肉芽组织、机化、创伤愈合等。

### （三）水产动物免疫学

对于无脊椎动物而言，免疫学主要研究非特异性免疫的免疫细胞、细胞类型、吞噬作用、细胞因子、体液因子等；对脊椎动物而言，免疫学主要研究特异性免疫的细胞免疫、体液免疫等，通过研究病原感染与免疫防御的关系，探讨疾病的免疫防控技术途径。免疫防控措施主要有通过应用免疫增强剂、免疫调节剂（多糖、甲壳素、中草药）等提高水产动物的免疫力，使用疫苗（灭活疫苗、减毒疫苗、亚单位疫苗、核酸疫苗）进行疾病的免疫预防。

### （四）水产动物疾病诊断

水产动物疾病的准确诊断是实现对疾病有效防治的关键。诊断时应先现场调查，了解养殖动物的生活环境、发病过程、发病率、死亡率、养殖管理情况，再观察发病个体的症状，通过症状分析发病的病因，结合运用组织病理分析、病原分离和现代分子生物学技术实现疾病诊断。

**1. 鱼类病害**

①病毒病。鱼类常见的病毒主要有草鱼出血病、传染性胰腺坏死、病毒性出血性败血症、传染性造血器官坏死、鲤春病毒血症、斑点叉尾鮰病毒病、病毒性神经坏死、真鲷虹彩病毒病、淋巴囊肿病毒病、牙鲆弹状病毒病、疱疹病毒病、鲀白口病等。主要特点是危害大、暴发性死亡、传播快、潜伏期不易发现、多数预防治疗困难。

②细菌病。鱼类常见的细菌病主要有细菌性烂鳃病、细菌性肾病、弧菌病、气单胞菌病、爱德华氏菌病、假单胞菌病、链球菌病等。主要特点是病鱼食欲减退、离群漫游、体色发黑、充血、出血、皮肤溃烂、腹部膨大、多具腹水、眼球突出、鳃溃烂苍白、呼吸困难，常出现大量死亡。

③真菌病。鱼类常见的真菌病主要有水霉病、鳃霉病、流行性溃疡综合征等。主要特点是不易发现、发病周期长、防治困难。

④寄生虫病。鱼类常见的寄生虫病主要有鞭毛虫、孢子虫、纤毛虫等寄生性原生动物引起的疾病，单殖吸虫、复殖吸虫、绦虫、线虫、棘头虫等寄生性蠕虫类引起的疾病，桡足类、鳃尾类、等足类等寄生性甲壳类引起的疾病。

**2. 虾蟹类病害**

①病毒病。虾蟹类常见的病毒病主要有白斑症病毒病、桃拉综合征、河蟹螺原体病、急性肝胰腺坏死病等。

②细菌病。虾蟹类常见的细菌病主要有弧菌病、甲壳溃疡病、丝状细菌病等。

③寄生虫病。虾蟹类常见的寄生虫病主要有微孢子虫病、纤毛虫病等。

**3. 其他水产动物病害**

贝类、海参、鳖、蛙等其他水产动物常见的病害主要有鲍脓包病、贝类寄生孢子虫病、海参腐皮综合征、鳖细菌性疾病、蛙病毒病等。

研究水产动物病害的目的是为水产养殖产业服务，我国水产养殖业迅速发展，养殖产业处于转型升级阶段，养殖模式由粗放到集约、由近海到远海，新的形势为水产动物病害研究提出了新的任务与要求，也给这一学科的发展带来了巨大推动力。因此水产养殖产业迫切需要培养水产动物病害专业人才，为我国水产养殖业绿色高质量发展提供保障。

水产动物病害学研究的主要内容见图 5-2。

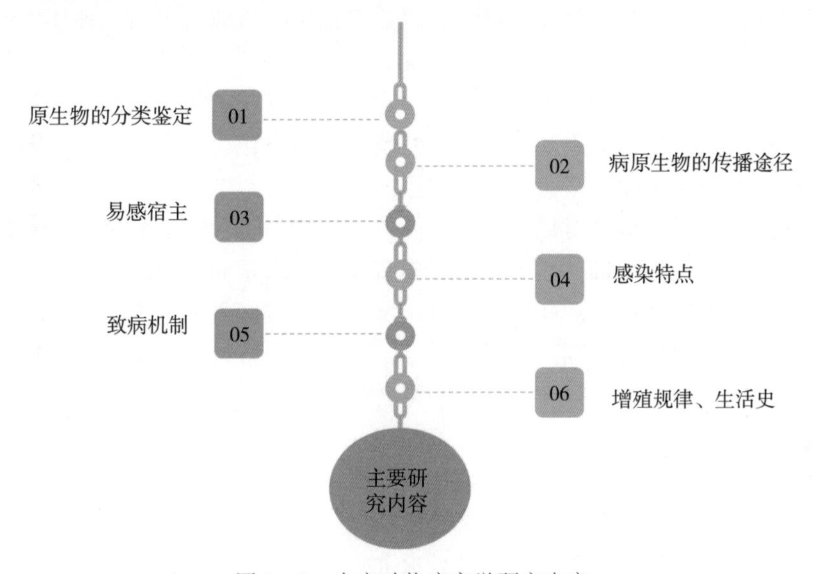


图 5-2 水产动物病害学研究内容

# 第二节 水产动物病理学基础

## 一、水产动物病理学意义

病理学是研究疾病的病因、发病机理、病理改变、转归和结局的一门基础学科。水产动物病理学通过研究疾病发生发展中机体的形态、机能和代谢等方面的变化，阐明疾病发生、发展和转归的规律，为疾病诊断和防治提供理论基础。病理学研究方法多种多样，临床诊断中常用方法包括机体剖检、活体组织检查、病理组织学检查、超微病理学技术、动物实验、组织与细胞培养、细胞组织化学、免疫组织化学观察等。近年来，纳米级成像技术、生物信息学技术等也广泛应用于病理学研究。

## 二、水生动物病理学过程

血液循环是动物机体新陈代谢和机能活动的重要保证，对机体抵抗外源感染也起着重要作用。水生无脊椎动物如虾、蟹的循环系统为开管式循环系统，水生脊椎动物如鱼类、蛙类等为闭管式循环系统。血液循环的正常运行有赖于心血管系统的结构和机能正常。当心血管系统受到损害，血容量或血液性状改变时，则会导致血液循环障碍。例如，局部血量异常会造成局部充血和淤血，血液性状的改变会导致血栓形成、栓塞、梗死和弥散性血管内凝血，血管壁的完整性和通透性的改变会导致出血和水肿。同时，血液循环障碍与组织细胞的其他病理变化如变性、坏死、炎症等存在密切联系，是众多病理变化产生的基础。

在水产动物的组织中，物质代谢障碍所致的形态结构、功能和代谢三方面的变化会造成细胞和组织的损伤，这种损伤性病变包括变性和细胞死亡。如能及早将引起损伤性病变的原因去除，变性的器官、组织或细胞仍可恢复原状，是可逆性病变。而细胞或组织如因受严重损伤，出现代谢停止、结构破坏和功能丧失等程序性死亡或坏死，将形成不可逆的病变，最终出现被溶解吸收、分离、排除、机化等结果。机体对于内、外环境条件中持续性刺激及有害因子产生的非损伤性应答反应称为适应，适应包括功能代谢和形态结构两个方面，其目的在于避免细胞和组织受损，在一定程度上反映了机体的调整应答能力，一般表现为萎缩、肥大、增生、化生和代偿。这些反应是在进化过程中逐渐形成和完善的，在保证动物的生存和发展中起着极为重要的作用。

组织和细胞损伤后，机体对缺损部分在结构和功能上进行恢复的过程称为修复。修复常以细胞的增生和再生为基础。增生是指细胞有丝分裂活跃而致组织或器官内细胞数目增多的现象。再生是由周围存活的同种细胞进行增殖以实现修复的过程，可完全恢复原组织的结构和功能。当组织损伤范围大，或有感染，则采用由纤维结缔组织来修复，即纤维性修复的方式，以肉芽组织取代损伤组织，最终转化成以胶原纤维为主的瘢痕组织，完成修复。对于鱼类来说，组织再生能力很强，某些组织受损后不会形成瘢痕。

炎症是机体对致炎因素造成的局部损伤所产生的具有防御意义的应答性反应，是一种常见而重要的病理过程。许多疾病，如草鱼出血病、赤皮病等，尽管病因不同，疾病性质和症状各异，但炎症是其共同的发病基础。炎症反应包括从组织损伤开始直至组织修复为止的一系列复杂的病理过程，主要表现为组织损伤、血管反应、细胞增生三个过程，其中血管反应是炎症过程的中心环节。在炎症过程中，损伤和抗损伤双方力量的对比决定着炎症发展的方向和结局，如抗损伤过程占优势，则炎症向痊愈的方向发展；如损伤性变化占优势，则炎症逐渐加剧并会向全身扩散；如损伤和抗损伤双方处于一种相持状态，则炎症会转为慢性而迁延不愈。

炎症局部组织的病理变化可概括为变质、渗出和增生，主要表现是红、肿、血中白细胞变化、功能障碍等。变质是损伤性过程，渗出和增生是对损伤的防御反应和修复过程。肿瘤是机体在各种致瘤因子作用下，局部组织细胞发生异常的反应性增生所形成的新产物。肿瘤细胞是由正常细胞获得了新的生物学遗传特性转变而来的，伴有分化和调控的障碍，并具有异常的形态、代谢和功能。肿瘤生长与整体不相协调，当致瘤因素停止作用后，肿瘤生长仍可继续。多数肿瘤会形成各式各样的肿块，但也有不形成肿块的。肿瘤夺取患体的营养，产生有害物质，引起器官功能障碍。恶性肿瘤能浸润破坏正常组织，甚至发生广泛转移而危及机体生命。某些化学物质、污染物、慢性炎症、病毒等均可导致肿瘤的发生，但总体来说致瘤因素目前还不是很清楚。鱼类常见的肿瘤有：淋巴囊肿病毒感染导致鱼类在皮肤、鳍等部位形成大小不一的菜花样肿瘤，疱疹病毒Ⅰ型感染引起的鲤痘疮病毒病可诱发皮肤乳头状瘤，白斑狗鱼因淋巴组织过度增生而形成的淋巴肉瘤等。

## 第三节 水产动物免疫学基础

### 一、无脊椎动物免疫

无脊椎动物的免疫器官相对简单，如虾蟹类等甲壳类动物的免疫器官主要包括甲壳、鳃、血窦、淋巴器官等。甲壳类动物的免疫细胞由血淋巴中的血细胞和淋巴细胞组成。血细胞可分为透明细胞、半颗粒细胞和颗粒细胞三种。甲壳类动物的免疫因子包括凝集素、溶血素、溶菌酶、酚氧化酶、抗菌肽等。甲壳动物免疫系统缺乏特异性免疫，体内不能产生免疫球蛋白。非特异性免疫由体液免疫和细胞免疫组成，其中体液免疫的主体是血淋巴中的酶、免疫因子和调节因子，可以产生凝固作用、黑化作用等进行溶解杀菌。细胞免疫是依靠血细胞完成的，分为吞噬、包囊、凝集、结节形成、胞吐、修复和合成释放免疫因子等过程。血细胞中，透明细胞介导凝集作用，半颗粒细胞介导包囊作用，颗粒细胞和半颗粒细胞共同介导吞噬作用。

### 二、脊椎动物免疫

脊椎动物的免疫器官主要包括胸腺、肾脏、脾脏、黏膜淋巴组织等。以鱼类为例，胸腺是鱼类的中枢免疫器官，可通过促进淋巴细胞的增殖和相关激素的分泌等来促进机体的免疫调节功能；肾脏是成鱼最重要的免疫器官，分为头肾、中肾和后肾，头肾在免疫应答过程中发挥主要作用；脾脏是红细胞和各种粒细胞等产生、储存和成熟的主要场所，可为鱼类提供充足的血液和免疫细胞；黏膜淋巴组织是鱼类的又一重要免疫器官，与其他免疫因子一起促进免疫能力的提高，保护机体不受病原菌侵害。鱼类的免疫细胞可分为抗原递呈细胞、淋巴细胞和其他细胞 3 类，其中抗原递呈细胞参与抗原的捕捉、加工、处理和递呈；淋巴细胞参与特异性免疫应答；其他细胞参与非特异性免疫、炎症反应、过敏反应等。鱼类的免疫因子主要包括免疫球蛋白（IgM、IgD 和 IgT/Z）、细胞因子、补体分子等，发挥调节细胞生理功能、介导炎症反应、参与免疫应答和组织修复等生物效应。鱼类免疫应答可以分为非特异性免疫和特异性免疫，但非特异性免疫发挥主要作用。非特异性免疫对病原体的识别是通过模式识别受体与病原相关分子模式的相互结合实现的，但为了适应水生生活，鱼类非特异性免疫对病原体的识别范围更广，免疫应答的启动条件更低。非特异性免疫的效应细胞主要是单核巨噬细胞、嗜中性粒细胞、自然杀伤细胞等，具有吞噬和杀伤功能，还可分泌多种免疫相关的细胞因子，介导发生炎症反应。在特异性免疫中，T 淋巴细胞通过抗原递呈细胞分解吸收抗原，并由主要组织相容性复合物类分子递送到细胞表面才能识别，B 淋巴细胞分泌产生以免疫球蛋白 IgM 为主的抗体分子，进而发挥抗体中和作用及免疫调理作用。鱼类的免疫应答水平受外界环境影响巨大，尤其是温度的变化，直接影响免疫细胞和补体等免疫成分的生物活性。此外，鱼类种类和品种多样，免疫应答的种间差异很大。

基于水产动物免疫系统的特点，针对水产动物病害的免疫防控措施主要有应用免疫增强剂、免疫调节剂等提高动物的免疫力，还有使用疫苗进行疾病的免疫预防。免疫增强剂是指可以提高动物对传染性病原体抵抗力，调节动物免疫系统，激活动物免疫功能的药剂，可有效防控水产养殖中的病害，保障水产养殖效益，推动行业可持续发展。在水产养殖中，免疫增强剂可强化水产动物溶菌酶及糖胺聚糖等物质的活性，进而强化细胞的防御能力，保障其吞噬及胞饮作用的有效发挥，抵挡病毒的侵害。同时，免疫增强剂也可强化淋巴细胞活性，形成巨噬细胞活性因子，强化水产动物的杀菌能力，增加水产动物的巨噬细胞含量，提升细胞免疫应答。免疫增强剂可提高水产动物免疫分子如补体 C3 等成分，避免水产动物出现微生物感染，提高水产动物的病原体消除能力，从而整体提升水产动物的抵抗力。在水产养殖中，可用作免疫增强剂的药剂较为丰富，包括多糖类、寡糖类、中草药、维生素、益生菌、蛋白质多肽类等。根据水产动物的机体特征及易发病害，选择合适的免疫增强剂，保障其作用的有效发挥。

疫苗接种也是水产动物病害预防的有效措施之一。疫苗是指用于诱导鱼类特异性免疫的生物制品。根据其组成成分，疫苗主要可以分为灭活疫苗、减毒疫苗、亚单位疫苗和核酸疫苗 4 种。水产动物疫苗的接种方式主要分为注射免疫、口服免疫和浸泡免疫 3 种。

①注射免疫。注射免疫是将疫苗抗原通过皮下注射、肌肉注射、腹腔注射等方式接种到水产动物体内，诱导机体免疫，此外，采取无针高压注射器也可实现注射免疫接种。

②口服免疫。口服免疫是将疫苗拌入饲料中进行投喂，水产动物摄食后通过消化道吸收抗原，诱导机体免疫。

③浸泡免疫。浸泡免疫是将水产动物转移至混有疫苗的水体中暂养一段时间，疫苗抗原通过鳃、消化道、侧线和皮肤进入机体诱导免疫。

其中，有些疫苗需要多次接种进行强化免疫，因此接种剂量和间隔时间需要科学安排。目前，我国农业农村部批准使用的商品化渔用疫苗共有 7 种，分别是草鱼出血病细胞灭活疫苗，草鱼出血病活疫苗，鱼嗜水气单胞菌败血症灭活疫苗，牙鲆鱼溶藻弧菌、鳗弧菌、迟缓爱德华菌病多联抗独特型抗体疫苗，鱼虹彩病毒灭活疫苗，大菱鲆迟缓爱德华菌活疫苗（EIBAV1 株）和大菱鲆鳗弧菌基因工程活疫苗（MVAV6203 株）。

## 第四节　水产动物疾病的诊断

医学常言：无诊断，不治疗。这充分体现了诊断对于疾病防治的重要性。针对水产动物疾病，只有做到正确诊断，才能对症下药，实现疾病的科学有效防治。引起疾病的原因多种多样，除病原生物感染之外，环境恶化、营养失调、先天遗传缺陷以及不科学的养殖管理等因素均可导致水产动物疾病发生。因此，在开展疾病诊断时，需要从宿主、病原和环境条件三方面进行综合分析。具体诊断过程主要包括现场检查与实验室检查。

### 一、现场检查

现场检查可为水产动物疾病诊断提供重要的线索与资料，可有效排查诱发疾病的原因，找出发病端倪，让疾病诊断更具方向性。在现场检查时，首先需要检查养殖对象的生活状态，主要包括养殖对象的活力和游泳行为、摄食与生长状况、表观症状等；同时，还需要检查养殖对象所处的生活环境，着重检查养殖水体的水质及底质状况；针对养殖管理，需要检查养殖密度、饲料质量、投喂情况、水质调控及消毒措施等重要环节。此外，还需了解养殖对象的发病经历，掌握发病时间、发病率、死亡情况以及已采取的防治措施与治疗效果，并调查发病区域的历史发病情况。

### 二、实验室检查

实验室检查是疾病诊断最为重要的一个步骤，主要包括取样、目检、剖检与镜检。取样是开展实验室检查的第一环节，样品采集直接影响诊断结果的准确性。在采集时，应充分考虑样本数量、采集群体、采集区域、采集时间等因素，做到科学取样，让样本具有代表性。为了便于比较检查，取样时，健康、患病及患病后濒死个体或死后时间很短的新鲜个体均应采集。有些疾病无法立即确诊的，需以固定液或保存剂将患病动物整体或部分器官组织加以固定保存，以供后续进一步检查。目检是通过肉眼对患病动物的体表直接进行观察，主要观察患病动物体色是否正常，是否存在充血、出血、溃疡、掉鳞、囊肿等临床症状，检查体表、鳃、鳍等部位是否存在大型病原体寄生。剖检是在目检完毕后，将患病动物进行解剖，用肉眼对器官、组织进行观察，整体检查遵循由表及里、先腔后实的原则。以鱼体为例，先剪去鳃盖，观察鳃丝是否存在黏液增多、肿大、腐烂等情况，然后剖开腔体，观察是否存在腹水和肉眼可见的寄生虫及其包囊，再依次观察各脏器组织的颜色与病理变化。

对肉眼不可见的病原生物进行检查和观察时，需要借助解剖镜和显微镜进行镜检。镜检时，待检样品要选择具有代表性的发病个体或群体，整体按先体表后体内的顺序进行取样检查，取样时避免组织间的交叉污染，通常取黏液或少量组织样品制备水浸片置于显微镜下检查。对可疑的病变组织及难以辨认的病原体，用固定液或保存剂进行固定保存，以供进一步检查与鉴定。

针对细菌和真菌性疾病，需要进行病原分离与鉴定。选择典型病症个体，在对病灶组织和器官表面进行适度清洗或消毒处理后，取适量病料样品接种在培养基上，培养后经菌株分离纯化，获得各菌株的纯培养物，供菌种鉴定。对于病毒性疾病，选择具有典型症状的病体或病灶组织，按病毒分离步骤，将病料样品接种敏感细胞以增殖病毒，供后续鉴定。由于不同疾病间存在相似或相同的病症，同种疾病也会呈现差异病症，所以不能仅凭肉眼观察到的病症来判定疾病种类，应根据剖检、镜检并结合病理学特征与病原检测结果综合分析，以作出正确诊断。

免疫荧光、免疫酶联实验、免疫电镜、PCR 技术、分子杂交技术等传统免疫学与分子生物技术为特定病原检测与鉴定提供了有力手段。同时，基于核酸等温扩增技术、胶体金技术、芯片技术开发的诊断技术与产品，实现了水产动物重要病原的现场、快速、精准检测。随着 CRISPR 技术、生物传感器技术、纳米技术等新技术的兴起，通过整合 5G 网络与人工智能，会让水产动物病原诊断逐步走上智能化道路。

## 第五节 水产养殖病害的综合预防措施

水产养殖是在人工管理的水环境系统中进行的生产活动。养殖动物生活在水中，它们的行为和活动在通常情况下都不易被观察到，一旦生病，要想做到及时正确的诊断和治疗较为困难。水产养殖动物疾病的防治，应以预防为主。

## 一、控制和消灭病原

### 1. 彻底清池

养殖池是水产养殖动物栖息和生活的场所，同时也是各种病原潜藏和繁殖的地方，环境清洁与否，直接影响到水产养殖动物的生长和健康。因此，彻底清池是预防疾病和减少流行病暴发的重要环节。

### 2. 确保水源无病原污染

水及其水系统是病原传入和扩散的第一途径。将养殖用水进行沉淀、净化或消毒处理后再加入养殖池中，可防止病原从水源中带入。

### 3. 实施消毒措施

消毒措施包括苗种消毒、工具消毒、食场消毒等，防止病原的带入、交叉污染，保护养殖环境。

### 4. 建立隔离制度

水产养殖动物疾病特别是传染性疾病一旦发生，首先应采取严格的隔离措施，以防止疾病传播和蔓延。

## 二、保持良好的养殖生态环境

### 1. 合理地放养

合理地放养一是指放养的某一种类密度要合理，二是指混养的不同种类的搭配要合理。合理放养是对养殖环境的一种优化，可以提高单位养殖水体效益，促进生态平衡，保持养殖水体中的正常菌群，预防传染性疾病的流行和暴发。

### 2. 保证充足的溶解氧

氧气是一切生物赖以生存的基本要素。水产养殖动物对于溶解氧不仅表现在呼吸上的直接需要，还表现在生存环境上的间接需要。在溶解氧充足的时候，微生物可将一些有害的代谢产物转变为危害很小或无害的物质。

### 3. 适时适量地使用环境保护剂

优化养殖水环境可以促进水产养殖动物正常的生长和发育，通常在产业化养殖的过程中，根据养殖池的底质和水质情况适时使用，有利于净化水质，防止底质酸化和水体的富营养化。

### 4. 不滥用药物

药物具有防病治病的作用，但有些药物（如抗生素）如果经常使用，就可能使病原菌产生抗药性并造成环境污染。

## 三、增强养殖群体的抗病力

### 1. 培育和放养健壮苗种

放养健壮和不带病原的苗种是水产养殖生产成功的基础。

### 2. 免疫接种

免疫接种是控制暴发性流行病最有效的方法。近年来，已陆续有一些水产疫苗用于预防鱼类的重要流行病，国内外都有相关的科研机构在研究和探索免疫接种的最佳方法和途径。

3. 选育抗病力强的养殖种类

水产养殖动物的抗病能力随个体或种类的不同而有很大差异，利用个体和种类之间的差异，挑选和培育抗病力强的养殖品种，是预防疾病的有效途径之一。

## 四、科学的养殖期管理

1. 科学用水和管水

池塘、工厂化养殖车间等都是人工管理下的集约化生产方式，人为干预了水产养殖动物的自然生态，使残饵、粪便及其他代谢产物的数量大大增加，会引起水质参数急剧变化，从而影响养殖动物的生长和健康。科学用水和管水，是通过对水质各项参数的监测，了解其动态变化，及时进行调节，保持养殖水体适宜的水深、水色，及时换水，避免不利于水产养殖动物生长和健康的因素产生。

2. 加强日常管理

定时巡视养殖水体，观察水体的水色和养殖动物摄食、活动的情况，以便及时采取措施加以改善。定期进行清除残饵、粪便及动物尸体等清洁管理，以免病原微生物繁殖和传播。

3. 降低应激反应

在对水产养殖动物进行捕捞、搬运及日常饲养管理的过程中，操作应细心、谨慎，避免水产养殖动物的应激反应。在水产养殖过程中，创造条件减少应激，是维护和提高机体抗病力的有效措施。

4. 投喂优质的适口饵料

根据不同养殖对象及其发育阶段，保证水产养殖动物吃到适口和营养全面的饲料，提高水产养殖动物的体质和抵抗疾病的能力，避免营养性疾病的发生。

## 五、严格执行检疫制度，完善疫病预警预报体系

1. 强化疾病检疫

地区间苗种及亲本的交流、国外养殖种类的引进和移殖，都可能造成病原的传播和扩散，引起疾病的流行，需强化进出口及国内地区间检验、检疫制度。随着养殖现场疾病快速诊断技术的发展与推广应用，我国的养殖场和养殖企业，已经有条件对传染性流行病原进行早期、快速地检测，自主做好水产养殖动物输入和输出的疫病检疫工作。

2. 水产养殖疫病的预警预报

我国已经建立了水产养殖病害检测网络和预警预报体系，并不断地完善，应充分发挥其在水产养殖动物疾病控制中的作用。病害在某区域一旦发生，第一时间通报，采取有效的控制措施，可以避免疾病传播和蔓延。

## 附：本章线上课程教学负责人战文斌简介

战文斌，现任中国海洋大学水产学院教授，海水养殖教育部重点实验室副主任，水产动物病害与免疫学实验室学术带头人。从事水产养殖动物病害和免疫学的教学和科研工作，在水产动物病害的流行病学、病原学、传播途径、检测诊断、预防控制关键技术等方面取得了多项原创成果。兼任农业农村部水产养殖病害防治专家委员会、全国水产动物防疫标准技术委员会、中国水产学会渔药专业委员会副主任委员。主编《水产动物病害学》国家级规划教材。获国家级科技奖励2项，省部级奖励9项。享受国务院特殊津贴，获泰山学者特聘专家、山东省有突出贡献中青年专家、山东省先进工作者、山东省优秀科技工作者、青岛市专业技术拔尖人才、青岛市劳动模范等称号。

# 第六章 CHAPTER 6

# 水产养殖技术与环境安全

## 第一节　水产品概述

水产养殖业是人类利用适宜的内陆水域和浅海滩涂等海域进行人工繁殖、饲养水产经济动植物的产业。名优水产品是我国主要的水产养殖对象，涵盖鱼类、虾蟹类、贝类、藻类、海参等300多个品种，其健康、安全养殖技术的创建和推广是产业发展的重要基础，更是深入贯彻落实农业农村部等10部委《关于加快推进水产养殖业绿色发展的若干意见》（农渔发〔2019〕1号）精神，使我国跻身世界水产强国之林的重要支撑。

### 一、鱼类

鱼类相伴人类走过了5 000多年的历程，与人类结下了不解之缘，成为人类日常生活中极为重要的食品和观赏宠物。鱼是生活在水中最古老的脊椎动物，几乎栖居于地球上所有的水生环境，上至青藏高原，下至马里亚纳海沟都能找到它们的踪迹。因为鱼是“终生生活在水里、用鳃呼吸、用鳍游泳的脊椎动物”，有些被称为“鱼”的动物不属于真正的鱼类，而有些不叫“鱼”的动物则属于鱼类，例如，鲸、鳄、娃娃鱼不属于鱼类，但是海龙、海马却是鱼类。由于生活习性及所处环境条件的不同，鱼类也进化出各种不同的体型和颜色，有些鱼类还具有放电等“特异功能”。

### 二、虾蟹类

甲壳类动物经济价值高，以仅占世界水产养殖产量8.2%的份额，贡献了超过21.7%的经济产值，是水产养殖业的重要组成部分。虾蟹类作为甲壳类动物的重要经济类群，通常指的是甲壳亚门软甲纲十足目中的种类，它们经济价值高，深受人们喜爱。我国常见的虾蟹类有凡纳滨对虾、斑节对虾、日本对虾、中国明对虾、克氏原螯虾、罗氏沼虾、青蟹、三疣梭子蟹以及河蟹等。

### 三、贝类

贝类又称为软体动物，它们大多数具有贝壳，身体柔软不分节，全世界贝类有11.7万余种，包括3.5万化石种。贝类的经济价值也是很高的，与人类生活息息相关。

**1. 食品用途**

民以食为天，海珍品历来是宴席上的上乘佳肴，贝类中的鲍、干贝都是“海产八珍”

之一。海产贝类多可食用，比如腹足类（俗称的螺类）中的鲍、红螺、玉螺、泥螺等；瓣鳃类（也称双壳类）中的牡蛎、扇贝、江珧、蚶、蛤仔、青蛤、文蛤、西施舌等；头足类中可作为游泳型贝类的鱿鱼、墨鱼（乌贼）、章鱼（长蛸、短蛸）等。

**2. 贝类用于工业**

贝类可用于工业生产，比如烧石灰，制作纽扣、珠核或螺钿，马蹄螺和夜光蝾螺的壳粉可做油漆调和剂，可以从海兔、乌贼中提取紫色或黑色染料，江珧、贻贝的足丝曾作为纺织品的原料等。

**3. 药用**

贝类是不可缺少的优良中药材，鲍壳（石决明）治眼病；乌贼内壳（海螵蛸）治胃病、十二指肠溃疡；蚶壳（瓦楞子）对胃痛、吐酸、痰积等有很好的作用。此外，贝类软体部营养丰富，有滋补作用；珍珠有止咳化痰、清凉解毒、增强抵抗力等功效。

**4. 饲料和饵料**

小型贝类和贝壳粉（牡蛎壳）可用作禽畜饲料，河蓝蛤可用来养殖鱼虾，浮游和底栖贝类是海洋鱼类的天然饵料。

**5. 工艺品**

贝类还可以制作贝雕、螺钿等工艺美术品，而珍珠更是名贵的装饰品。

**6. 肥料**

河蓝蛤、肌蛤、荞麦蛤等小型、产量大的贝类可用作肥料。

**7. 环境检测**

贻贝可作为石油污染的检测指标，用于环境检测。

## 四、藻类

藻类是一类具有叶绿素，能进行光合作用，营自养生活的无维管束、无胚的植物。藻类在生物起源和进化中具有至关重要的地位。早在34亿6 500万年前，单细胞原核光合生物——蓝藻出现，它和好氧性细菌并称为地球上最初的生命；20亿年前，红藻出现；10亿年前，绿藻、褐藻等所有的藻类分类群均先后在我们的星球上出现。藻类的出现为水生动物、陆生植物和陆生动物的出现奠定了环境和物质基础。藻类在自然界中的重要性主要表现在以下方面：

①藻类是生态系统的初级生产者之一，为生态系统提供最初的物质和能量。

②藻类可以吸收、固定$CO_2$，在全球$CO_2$循环过程中起到调节和碳泵的作用。

③藻类通过光合作用产生的氧气，对海洋动物、好氧性细菌等的生存至关重要。

④藻类可以吸收和同化氮、磷等无机盐类，加速海水的自净能力。

藻类与人类的生活和生产息息相关。具有食用价值，全世界可食用的藻类百余种；可以医用和药用，藻类富含膳食纤维、维生素、矿质元素等物质，具有调节机体代谢和增强免疫力的功效，可制成医疗卫生保健用品，同时富含糖类、酚类等活性物质，具有对抗细菌、病毒、肿瘤的功效，可以入药；可用于工业，海藻富含碘和氯化钾，是制碘和制盐工业的重要原料；海藻胶量大，可作为化工业和纺织业的原材料；可用于农业，由于藻类富含蛋白质、维生素、矿物质等物质，是优质的水产动物饵料、家禽家畜饲料和农作物肥料；可作为新能源——生物质能源的原材料，微藻可用于生产柴油，大型海藻可用于生产生物乙醇。

## 五、海参

作为“海产八珍”的海参早为世人所熟知，是我国传统的海洋食品和药用滋补品。隶属棘皮动物、海参纲，全球有海参1 200余种，绝大多数营底栖生活，广泛分布于世界各大洋的潮间带至万米水深的海域中。中国有海参120余种，经济价值较高的有10～20种，其中，以产于黄、渤海的刺参为主，另外还有分布于我国南方海域的花刺参、梅花参、糙海参、糙刺参和玉足海参等。海参营养价值高，蛋白质含量50%～70%，富含各种人体必需的氨基酸、维生素、脂肪酸以及常量和微量元素，同时还含有海参皂苷等多种活性成分，具有调节免疫力、抗肿瘤等功效。

# 第二节 水产品的养殖简史与发展

## 一、水产品养殖简史

我国水产品养殖有着悠久的历史，特别是新中国成立以来，水产科技工作者刻苦钻研，勇攀高峰，攻克了大量海藻、对虾、贝类等水产品育苗和养殖技术难关，先后掀起了海水养殖的“五次发展浪潮”，堪称我国海洋科技自主创新的丰硕成果，和科学技术惠及人民群众的光辉典范。

### （一）鱼类养殖

我国鱼类养殖历史悠久，从殷末周初的“贞其雨，在圃渔”到春秋战国时代范蠡的《养鱼经》，从唐代“四大家鱼”的发展，到明代池塘精养技术的提升，我国养鱼业已从池塘粗养逐步向精养方向发展，使养鱼技术更加全面，生产经验更丰富、细致和系统，特别是以鲻养殖为代表的沿海咸淡水养殖业的发展，为海水养鱼奠定了基础。中华人民共和国成立以来，我国的池塘鱼类养殖得到了巨大发展。20世纪50年代，我国“四大家鱼”的人工繁殖成功，结束了淡水养殖鱼苗世代依赖捕捞的历史，开启了我国淡水养鱼历史的新纪元，也为我国鱼类增养殖事业的大发展奠定了扎实的基础，淡水鱼人工繁殖的创始人钟麟先生，更是被誉为“家鱼人工繁殖之父”。同时期兴起的“海鱼孵化运动”，也拉开了海水鱼类人工育苗的序幕。对淡水池塘养鱼生产技术及经验总结和凝练而成的“八字精养法”，完善了我国鱼类养殖的技术体系，在鱼类养殖生产中起着重要的指导作用。

### （二）虾蟹类养殖

现代虾蟹类养殖始自20世纪30年代，兴盛于80年代，现在已经形成育种、苗种生产、成虾养殖、饲料供给、养殖环境管控、加工与流通等完整的产业体系。我国的商业化虾蟹类养殖始于20世纪70年代，养殖产量现居世界首位，2018年产量达到514.1万t，占世界养殖产量的54.8%。虾蟹类养殖产业的发展，离不开科学技术的支撑及科研工作者的无私付出。中国对虾产业经历了从野生到家养的过程，先后已有60多年的发展历史。老一辈科学家朱树屏、刘瑞玉、赵法箴、王克行等在艰苦的条件下付出了巨大努力，攻克了对虾工厂化苗种生产技术，构建了新的养殖模式，形成了我国海水养殖第二次发展浪潮。他们的奉献精神及务实品质值得后人传承和发扬。

### （三）贝类养殖

自20世纪20年代，我国才开展贝类调查研究。1928—1929年在上海成立了静生生物调查所，在北京成立了北平研究院动物学研究所，专门从事分类和调查工作。作为我国贝类学创始人和鼻祖，张玺先生1932年留学归来，自此我国贝类研究开始走向正轨。1949年后，贝类研究在区系调查与系统分类、生物学研究、医学研究以及增养殖等方面有了飞速发展。1958年中国海洋大学（原山东海洋学院）率先开设贝类增养殖学课程。1970年代，贝类育苗与养殖关键技术获得突破。形成了我国海水养殖第三次发展浪潮。20世纪50年代开展了牡蛎、文蛤杂交育种，20世纪80年代初引种海湾扇贝、虾夷扇贝、长牡蛎等，并在80年代中期开展了多倍体育种，在90年代末开展了杂交选育、分子标记辅助育种。进入21世纪后，贝类精准育种正在蓬勃展开。截至2020年，我国贝类养殖面积达到1 197 407hm²，占到海水养殖总面积的60%，贝类新品种44个。

### （四）藻类养殖

20世纪50年代，自然光育苗和筏式养殖两大技术体系的突破推动了我国海带规模化养殖产业的兴起，引领了我国第一次海水养殖发展浪潮。20世纪60年代，福建省建立了坛紫菜人工采苗和养殖技术，推动了我国坛紫菜养殖业的快速发展；20世纪70年代，江苏引进山东的条斑紫菜并成功进行了人工育苗，开启了北方沿海条斑紫菜的规模化养殖，并在20世纪70年代后期，开始探索裙带菜的人工养殖，在20世纪90年代逐渐完善了全人工育苗技术，推动裙带菜养殖进入稳定发展期；20世纪80年代，开展了龙须菜的规模化养殖试验，1988年开展了龙须菜南移栽培研究，2000年新品种育成，逐渐形成了龙须菜南北方接力养殖的新模式。此外，我国还有一些小规模的藻类养殖种类，如羊栖菜、鼠尾藻、麒麟菜、石花菜、红毛菜、礁膜、浒苔、长茎葡萄蕨藻等。

目前，我国海藻养殖区域遍及全国沿海各省份，北到辽宁省南至海南省都形成了规模不等、品种不同的海藻养殖产业。2020年，我国藻类产量为262万t，养殖面积约为14万hm²，海带、裙带菜、紫菜、龙须菜已成为我国4大主要藻类经济养殖种类。

### （五）海参养殖

我国在20世纪70年代突破了刺参的人工繁育技术，日本、韩国和俄罗斯分别于20世纪60年代和80年代开展了刺参繁殖生物学的研究，然而目前只有我国开展了刺参的大规模繁殖与苗种生产。我国早在20世纪50年代就开展了刺参的增殖试验，20世纪90年代山东、辽宁等地开始了刺参池塘养殖，目前养殖规模和产量均居世界首位。近十年来，澳大利亚、比利时和法国开展了暖水性海参渔业资源调查评估和经济种的保护工作，但迄今为止，全球暖水性海参均未实现产业化繁育和养殖。2020年，我国海参产量约20万t，全产业产值约600亿元，产业发展前景广阔。

## 二、水产品养殖发展

在当前社会经济、生态环境的新形势下，水产品养殖产业面临着很多来自外部和内部的问题与挑战，主要集中在种质创新不够、养殖技术亟须完善、智能化水平亟待提高等方面。我国水产养殖机械化水平较低，大多依赖于人力，近年来人工成本的迅速上涨也有很大制约作用。水产养殖如何与物联网、人工智能、大数据等高新技术相结合，实现提质增效，是未来产业能否高质量可持续发展的关键因素。面对百年未有之大变局，面向世界科技前沿、面向经济主战场、面向国家重大需求、面向人民生命健康，水产人应抓住机遇迎接挑战，解决上述问题的过程也是我国水产养殖业自我革新和突破的过程。

离岸深水区浪大流急、海况复杂，对养殖鱼类的适应性、养殖设施、养殖技术、养殖模式以及管理等提出了更高要求。

对虾蟹类养殖而言，应因地制宜推广陆基设施化循环水养殖、综合养殖、稻渔综合种养等养殖新模式。随着在线监测、智能化管控等信息化手段的应用推广，产业的科技化程度正在不断提高。未来，集约化养殖模式将成为主流，智能化管控将覆盖整个养殖流程，必将大大提高劳动生产率、资源利用率和管理效率。

贝类养殖存在引种混乱、原良种保护不力、养殖海区污染严重、局部超负荷养殖以及病害频发等问题。因此，应重视自然生态的研究，对海区容纳量做定性和定量分析，养殖海区要科学规划合理布局，重视良种、良境、良法，相互结合推动贝类养殖业可持续发展。

近年来，二氧化碳导致的温室效应和海洋酸化给海藻的生理、生态、生长以及繁育带来前所未有的扰动和挑战。良种配良法，随着耐高温新品种的研发和应用，与之相配套的养殖技术应进一步完善。此外，随着近岸养殖的发展空间的压缩，海藻养殖向离岸深水区发展的趋势日渐凸显。海藻栽培应加快科技创新和升级改造，进而推动产业健康发展。

海参产业未来发展应开展刺参原种保护与新品种研发和推广；研发海参绿色育苗、增养殖新技术；创新加工，特别是深加工技术，扩大海参产品市场规模。

## 第三节 水产品的养殖技术与模式

水产品在国民膳食结构中占有重要的位置，它可为人类提供优质的蛋白质食物。发展名优水产品增养殖业，对改善国民食品结构与人民生活质量，提高全民族营养与健康水平，实现健康长寿有积极作用。名优水产品的主要养殖技术及模式有以下几种。

### 一、鱼类养殖

20 世纪 70 年代以增氧机为代表的水产养殖装备技术得到发展，使鱼类养殖单产突破千斤大关。随着鱼类池塘精养高产技术的提高与广泛应用，使我国的高密度、高产出的池塘养殖跻身世界先进行列。为推进我国现代渔业科技创新，在原有池塘养殖的基础上，我国鱼类养殖逐渐形成了多样化的养殖模式。我国于 1973 年引进网箱养鱼技术，分别在湖泊、水库中利用天然饵料在网箱内养殖鲢、鳙鱼种，获得成功，为我国大水面鱼类养殖开辟了新途径。到 20 世纪 80 年代初，我国沿海地区先后在近海内湾进行网箱养鱼并获得成功，然后在全国范围内迅速推广，成为我国海水养殖第四次发展浪潮的起点。鉴于内湾水体交换差，水质易恶化导致病害流行和沿海水环境易被污染等问题，高密度聚乙烯抗风浪深水网箱，以及大型智能化钢结构深远海养殖网箱平台开始投入生产，加快了面向深远海养殖的产业化发展。

池塘工程化循环水养殖模式是通过科学管理手段，实现精准控制，提高养殖效率、降低生产成本和劳动强度的一种新兴养殖模式。该模式将投喂饲料的鱼圈养在小范围的养殖单元中，集中清理鱼类的残饵、粪便等颗粒物。该模式在资源节约、生态环境保护及渔业增效等方面具有明显优势。早在宋末元初，周密所著的《癸辛杂识》中，就有利用机械进行流水养鱼的记载，这种初级形式的流水养鱼一直延续到现在，虽然也能获得较高的产量，但存在养殖废水排放的问题。因此，工厂化循环水养殖模式应运而生。工厂化循环水养鱼可实现养殖水质的高效调控，饲料投喂的智能化、自动化、精准化，提高水资源循环利用效率，是鱼类养殖产业发展的必然趋势。

此外，还有一些其他的鱼类养殖模式（图 6-1）。如多营养层次生态养殖模式，在养殖吃食性鱼类的池塘中，搭配滤食性鱼类，在提高养殖效益的同时，还可减少养殖废物的排放；鱼菜共生综合种养模式，是基于生态共生原理，在鱼类养殖水体进行无土栽培空心菜、丝瓜等蔬菜，实现“鱼肥水、菜净水、水养鱼”的资源可循环利用；稻渔综合种养新模式，是基于“稻鱼共生理论”，将稻田进行适当改造，利用稻田的水体空间养殖草鱼、鲤、泥鳅等，实现“以渔促稻、稳粮增收、质量安全、生态环保”。

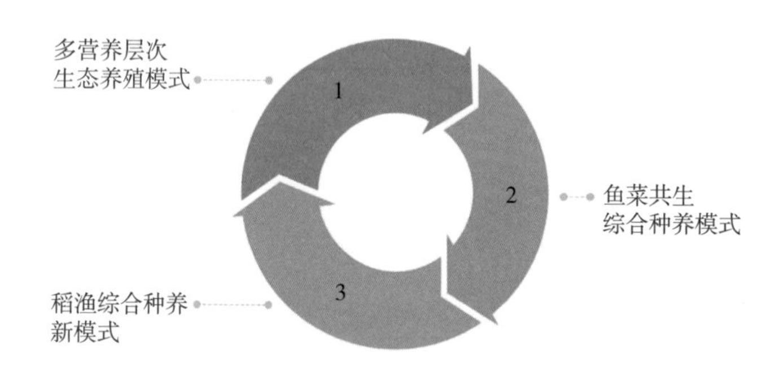


图 6-1　鱼类新型养殖模式

## 二、虾蟹类养殖

虾蟹类养殖的苗种生产流程一般包括前期的准备、亲体的选择及促熟、产卵与孵化、幼体培育以及出池调整等工艺流程，苗种生产通常在室内池完成，并配备完善的水处理设施。亲体的促熟培育是人为对亲体性腺发育的调控，可通过内在激素调控或者环境调控等手段完成，如切除单侧眼柄、控制有效积温和调控盐度等。性腺发育成熟的亲体，在经过交配后，就可产卵孵化了，经过选优，获得强壮的幼体进入幼体培育环节。虾蟹类幼体需要经过复杂的变态发育，不同幼体发育期的摄食行为和营养需求不一样，投喂的饵料和饲料也不同，这些适合幼体营养需求的饵料和饲料组合被称为饵料系列。幼体培育期间应注重水质的维持和幼体病害的预防，加强日常巡查与监测，每项操作应避免引入病原的风险。苗种出池前，应进行质量评估及病原检疫，以确保苗种质量。

虾蟹类的养殖模式多种多样，与养殖区域及所养殖的种类有很大关系。自残习性较轻的凡纳滨对虾以集约化养殖为主，代表性的养殖模式包括工厂化养殖和高位池养殖等。大型虾类和蟹类，如中国明对虾、日本对虾和三疣梭子蟹等，养殖模式以生态养殖为主，利用生态学原理，实现经济效益与环境效益的统一。小龙虾和河蟹等淡水种类，还可以在稻田里养殖，实现农业的增产增收。虾蟹类养成期一般为 3～5 个月，养成期的管理十分重要，对水质、底质及病原情况要及时监测和防控。在养成期管理过程中，需要综合运用生物学、养殖水化学、养殖生态学及病害学等多学科知识，创建和集成应用相关技术，做到灵活应用，解决实际问题。

## 三、贝类增养殖

贝类养殖是在掌握贝类的生物学原理基础上，人工控制贝类进行繁殖和生长的过程，包括苗种繁育和养成。除了养殖，还有增殖，贝类增殖是指在一个较大的水域或滩涂范围内，通过一定的人工措施，创造适于贝类繁殖和生长的条件，增加水域中经济贝类的资源量，以达到增加贝类产量的目的。其研究内容包括增养殖贝类生物学、苗种生产技术及增养殖技术等。

1949年以前，贝类养殖主要是传统四大养殖贝类（牡蛎、缢蛏、泥蚶、蛤仔），在长江以南，进行滩涂养殖。发展至今，贝类增养殖种类不断增加，养殖面积扩大、产量增高，引种和育种得到快速发展，贝类与其他品种混养与轮养取得了一定成效。目前贝类养殖种类已发展到40余种，贝类养殖方式多样化，包括滩涂养殖、池塘养殖、工厂化养殖及浅海养殖等（图6-2）。养殖海区从长江以南到长江以北的沿海各省均有分布，养殖环境由滩涂到浅海。

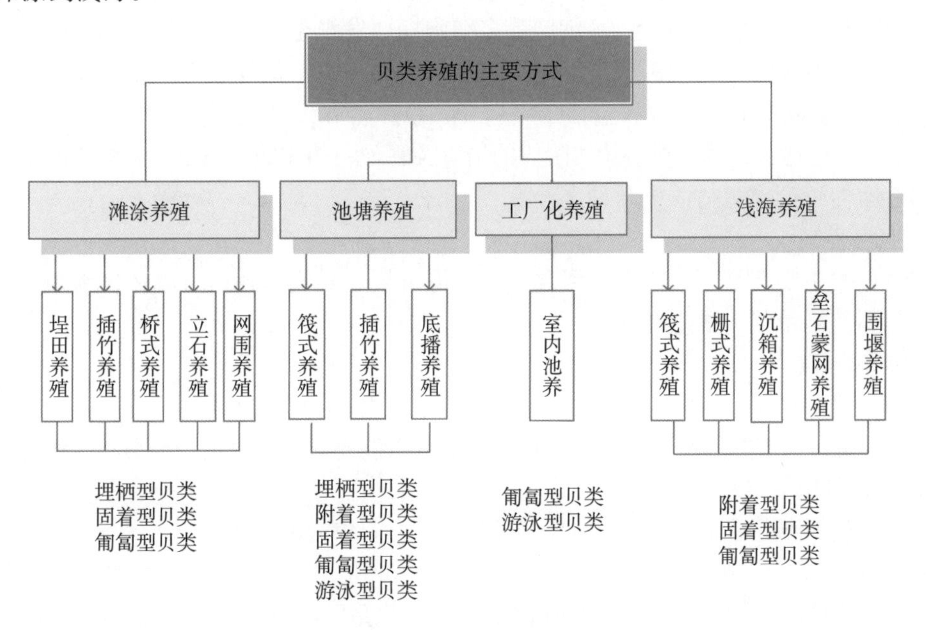


图6-2 贝类主要养殖方式

## 四、海藻养殖

海藻养殖模式主要包括浅海养殖、潮间带养殖和陆基养殖。

**1. 浅海养殖**

浅海养殖的养殖设施主要以浮动筏架为主，海带、裙带菜、龙须菜的养殖以单式浮动筏架为主，紫菜的养殖以全浮动筏架为主。单式浮动筏架受风流的冲击较小，抗风浪能力较强，更为牢固、安全，是当前最为流行的海藻养殖设施。全浮动筏架的养殖网帘全程浮在水中，是紫菜浅海养殖的主要设施。

**2. 潮间带养殖**

潮间带养殖主要是紫菜养殖，养殖设施可分为半浮动筏式和支柱式。半浮动筏式是我国独创的、适合于潮差较大的潮间带海区的紫菜养殖方法，兼具支柱式和全浮动筏式的优点，涨潮时紫菜网帘浮于水面，落潮时网帘干出，从而保证紫菜的产量高、品质好。支柱式是将竹竿、木桩或玻璃钢撑杆直接插入海底作为支柱，将紫菜网帘挂在支柱上，使网帘随着潮水涨落而漂浮或干出的一种养殖方式，适于潮差较小的海区养殖紫菜。

**3. 陆基养殖**

海藻的陆基养殖非常少，主要包括池塘养殖和工厂化养殖 2 种。主要用于养殖一些江蓠种类如细基江蓠、脆江蓠和芋根江蓠等，在我国华南沿海地区应用广泛。工厂化养殖的海藻主要是长茎葡萄蕨藻，仅在海南、山东、福建少数地区有少量成功养殖的案例。尽管当前工厂化养殖还处于刚刚起步阶段，但却是一个非常有发展潜力的新兴方向。

### 五、海参养殖

刺参的生殖腺发育一般经过 5 个时期。刺参亲参的排精和产卵通常在夜间进行，雌参可产卵 1～3 次，产卵量 200 万～300 万粒，多者可达 400 万～500 万粒。刺参卵子为沉性卵，受精后一般经过 2 细胞、4 细胞、8 细胞等多细胞期，发育至囊胚期和原肠期，幼体发育经历耳状幼体（小耳状幼体—中耳状幼体—大耳状幼体）、樽形幼体、五触手幼体，后变态为稚参。基于此，刺参的繁育过程包括亲参选择、亲参暂养及人工促熟、精卵采集及人工授精、浮游幼体选育及分池、浮游幼体阶段的培育及管理、幼体的变态附着和稚参的培育等。

刺参增养殖模式包括以下几种。

**1. 底播养殖**

底播养殖主要在辽宁、山东和河北等地沿海开展，是利用在适宜海区移殖亲参或投放苗种开展刺参增殖的一种生产方式。

**2. 池塘养殖**

池塘养殖在 20 世纪 90 年代从山东、辽宁开始应用，后逐渐扩大到河北等地，是利用海水池塘开展刺参养殖的生产方式，同时，池塘中可以混养对虾、海蜇、贝类和牙鲆等鱼类。

**3. 围堰养殖**

围堰养殖主要是在海湾建设围堰，利用围堰内水体养殖刺参。

**4. 网箱养殖**

网箱养殖是在浅海或池塘中利用网箱养殖刺参，也是一种利用自然海域的生态养殖方式。

**5. 吊笼养殖**

吊笼养殖是在福建宁德等海域发展起来的在浅海区域浮排上吊笼养殖刺参的方式，秋冬季从北方采购大规格苗种，通过冬季投喂养殖，春季即收获。

**6. 工厂化（大棚）养殖**

工厂化（大棚）养殖是在工厂化的育苗室或大棚中，通过人工控温、增氧、换水、投饵等开展刺参养殖。

## 第四节　水产品安全养殖

### 一、水产品安全的重要性

**1. 食品安全**

人类健康生存面临生存环境和食品安全 2 大问题，其中食品安全是指食品无毒、无害，符合应有的营养要求，保证人类生存和健康。目前，食品安全已上升为国家战略，2015 年 10 月 1 日我国出台了史上最严的《中华人民共和国食品安全法》，用最严谨的标准、最严格的监管、最严厉的处罚、最严肃的问责保障食品安全。

**2. 水产品安全**

FAO 2021 年发布的《2021 世界渔业和水产养殖状况》里表示，海洋已成为我国食品中优质蛋白质的重要来源之一，海洋渔业产品已占我国动物性食物供给量的 1/5。据预测，到 2030 年，需新增约 2 000 万 t 水产品用于满足消费需求。水产品是人们餐桌上越来越常见的食品，其蛋白质含量高、脂肪含量低、风味佳等特点被现代消费者所青睐。随着水产品消费量的快速增长，水产品的安全性也受到公众和媒体越来越多的关注，近几年水产品安全性事件屡被曝光，除了不法商户违心地生产以外，人们对水产品这个特别的食品还是缺乏一些安全性方面的基本了解。

## 二、水产品安全的危害因子

水产品安全取决于水产养殖环境质量，包括水域环境污染和养殖自身污染 2 种。

**1. 水产养殖环境污染**

近年来，随着我国工农业、石油化工业和航运业等快速发展，工业废水、生活污水、农药等陆源污染物大量排入（汇入）海洋，海洋环境污染日益严重，2020—2021 年我国海洋环境质量公告显示，各海域海水、沉积物中重金属、持久性有机物污染物（POPs）已成为突出问题，污染物通过生物累积和食物链，严重危害着海洋生物和人类健康，同时，海水养殖用水也受到污染威胁，成为水产品安全养殖的潜在隐患。

**2. 水产养殖自身污染**

水产养殖自身所产生的污染物主要有两类：一类是养殖生产投入品，主要为饵料、渔药和肥料的溶失；另一类是养殖生物的排泄物、残饵和养殖生物的死亡尸体等。此外，养殖废水外排会对周围接收水域环境造成一定的污染，渔药等残留物会导致水体中氮、磷等重金属含量的增加，一定程度上可能会对养殖动物造成毒性污染，进而影响人类食用及水生动物的生态平衡等。

## 三、水产品安全控制技术

**1. 陆基安全养殖控制技术**

陆基安全养殖控制技术是通过物理学、化学、生物学技术等对水产品安全进行控制的方法。

**2. 浅海养殖（渔业）环境监测技术**

浅海养殖（渔业）环境监测技术以海洋污染和生物标志物为监测指标，对海洋生物、生态环境和人类健康安全进行全面、客观的评价。生物标志物主要以双壳贝类为主，鱼类为辅。

## 四、水产品质量安全管理目标

水产品质量安全管理注重整个生产过程各关键环节和因素的控制，形成全程管理、过程追溯和关键点控制的质量安全管理体系。

**1. 全程管理**

运用从“育苗—养殖—餐桌”的全程管理理论，以养殖生产过程控制为重点，以产品质量管理为主线，保证最终产品消费安全为基本目标。

**2. 过程追溯**

全面解析水产品危害物的溯源路径，实现水产品养殖过程中溯源安全检测，保证水产品生产管理的可靠性和质量管理的安全性。

**3. 关键点控制**

依据水产养殖动物的养殖特性，瞄准关键危害因子，因地制宜，保障养殖环境、养殖投入品和产品质量安全三个关键点的控制。

水产品安全养殖涉及 3 个方面，一是保障水产养殖生物安全；二是保障水产品食用安全；三是保障水产养殖废水排放的生态安全，也就是生物安全—养殖产量、食品安全—产品质量、生态安全—环境质量。

## 附：本章线上课程教学负责人郑小东简介

郑小东，现任中国海洋大学水产学院教授，长期从事海产贝类繁育与增养殖学、水产动物遗传育种学的教学科研工作。先后主持国家“863计划”课题1项、国家自然科学基金4项，省部级课题多项。“水产动物遗传育种学”国家一流课程建设负责人。发表论文150余篇，其中SCI收录70余篇，主编《中国水生贝类图谱》，副主编或参编《中国近海软体动物图志》《中华海洋本草》《我国海产经济贝类苗种生产技术》、*Cephalopod Culture* 等专著13部，发明专利14项（第1位），参与制定行业及地方标准5项（第1位），荣获省部级二等奖2项（第1位）以及中国海洋大学优秀教师、优秀共产党员等荣誉称号。同时，兼任中国贝类学会理事、国家自然科学基金项目函评专家、山东省渔业标准化技术委员会委员以及山东省高校创新创业导师等。

# 第七章
CHAPTER 7

# 渔业资源与管理

## 第一节　渔业资源概述

### 一、渔业资源的定义与属性

#### （一）渔业资源的定义

渔业资源也称水产资源，是具有经济性开发利用价值的水生生物资源，但水生濒危野生保护动物除外，濒危野生保护动物虽有经济价值，但不能开发利用，因此不属于渔业资源。渔业资源是渔业生产的物质基础，也是人类食物的重要来源之一。具体包括鱼类、虾蟹类、头足类等游泳动物；贝类、棘皮动物等底栖无脊椎动物（扇贝、海参等）；固着性藻类（裙带菜等）；水母等浮游性动物（海蜇等）。

#### （二）渔业资源属性

自然资源分为两类，一类为非更新资源，如石油、矿物等，这类资源的储量是固定的，是不可再生的。另一类为更新资源，如生物资源，是可再生的。渔业资源属于自然资源，其具有以下 4 方面属性。

**1. 自律更新性**

水生生物生长发育过程一般从产卵—孵化—仔稚体—幼体—成体再到产卵。一代代繁衍生息，不断更新，具有自律更新性。

**2. 移动洄游性**

大多数水生生物都有其适宜栖息地，受水温、饵料等因素影响，大多数水生生物也具有洄游习性。受气候变化等因素影响，其栖息地、洄游路线也会发生变化。

**3. 共有财富性**

渔业资源作为自然资源属于国家所有，而不属于某一公司或个人所有，公众有享有捕捞的权力，但必须办理合法执照，如捕捞许可证等。这一属性易造成渔业资源过度开发利用，形成恶性竞争，使渔业资源衰退，因此应加强管理。

**4. 自然变动性**

水生生物生活的水环境条件和生物条件会对其再生产能力（繁殖）产生重大的、甚至是决定性的影响。适宜的环境条件和生物条件有利于资源的繁殖补充，反之就会造成资源下降。因此，会出现生物量自然变动。

另外，人为因素的影响也会引起鱼群发生量的变动，如水利工程、围海造地、海洋污染等都会影响资源的补充。资源量受多种因素影响，繁殖补充和生长使资源量增加，自然死亡和捕捞死亡使资源量下降，同时气候变化和人类活动也会对资源量产生影响。

正是由于渔业资源的以上特殊属性，所以我们必须加强渔业资源研究与科学管理，以实现渔业资源的可持续利用。

## 二、渔业资源的重要性与渔业资源学

### （一）渔业资源的重要性

渔业资源是人类食物的重要来源之一，为人类提供了大约20%的优质蛋白。随着人口的持续增长和生活水平的不断提高，对来自海洋的优质蛋白的需求量在不断增加。因此，渔业资源对于解决我国14亿人口的食物保障、蛋白供给、渔民就业、渔业经济发展和维护海洋权益等国家重大需求方面都具有重要作用。

渔业资源除供人类食用外，还能用作经济动物饲料、工业和医药原料等，同时，渔业资源具有重要的生态功能，对维持海洋生态系统健康发挥着重要作用。

### （二）渔业资源学

渔业资源学属于与渔业科学和生态学相关的应用科学范畴，研究核心内容是渔业生物资源群体的变动规律，主要目标是为渔业水域生态环境保护、生物资源可持续利用和实现渔业健康发展提供科学依据。主要研究内容包括以下6个方面：

**1. 渔业资源生物学**

渔业资源生物学研究如种群结构、早期生活史、年龄、生长与死亡、繁殖、补充、摄食、洄游分布等渔业资源的生物学特性。

**2. 渔业资源种群动力学**

渔业资源种群动力学研究渔业资源数量变动的原因、补充机制、资源量评估等，为渔业生产、渔业资源管理提供基础资料。

**3. 渔业资源栖息地生态环境学**

渔业资源栖息地生态环境学是研究渔业资源栖息地生态环境与其早期发育阶段的关系及其影响机制，研究水文、气象、海流等环境因素与渔业资源集群、洄游分布的关系。为渔业生产提供渔情、渔汛和渔场预报。

**4. 人类活动和气候变化对渔业资源的影响**

人类活动和气候变化对渔业资源的影响主要研究捕捞活动、气候变化对渔业资源种群数量、年龄组成、补充和群落结构及其动态特征的作用和影响机制。为确定捕捞限额及最适产量提供可靠预报。

**5. 渔业生态系统的结构与功能研究**

渔业生态系统的结构与功能研究以保持渔业生物群落结构多样性和稳定性为基础，研究水域的生产力、种间或各营养级之间的物质和能量的动态关系、生态平衡的调节机制等，保护生态环境和生物多样性、重组和优化生态群落结构，保证渔业环境健康和生物资源的可持续利用。

**6. 渔业资源调查评估与管理**

渔业资源调查评估与管理是通过渔业资源调查，采用先进的计算机技术、数理分析，定量研究和数学模拟种群、群落和生态系统特征，为渔业管理提供决策依据。

综上所述，渔业资源是再生资源，存在着从资源开发、管理和增殖到资源分享、就业、投入和产出等经济社会诸多方面的平衡和矛盾，不能单从生物学因素来考虑渔业问题，还要考虑经济、社会等因素。

渔业资源学课程内容见图 7-1。

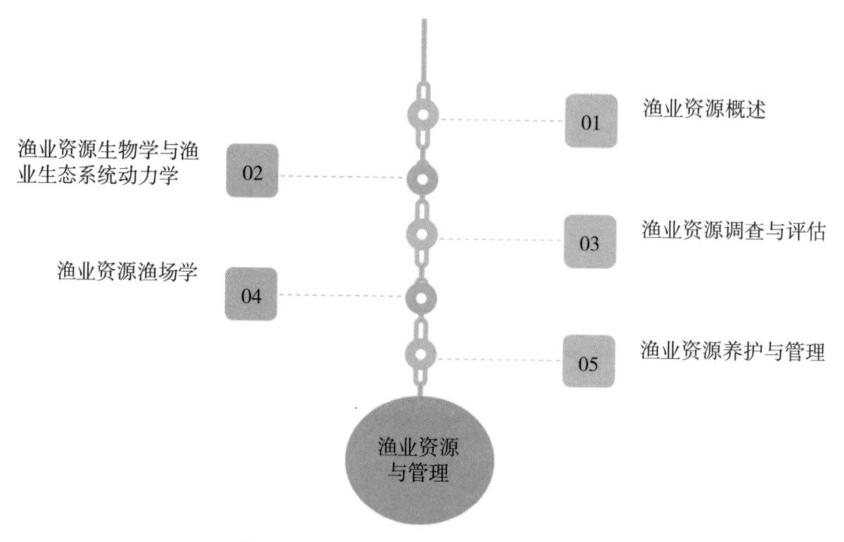


图 7-1 渔业资源学课程主要内容

### （三）渔业资源研究未来的发展趋势

渔业资源研究已扩展为以渔业生态系统与可持续发展为基础，融合现代生物技术、环境科学、生态经济与社会管理的综合性学科。随着科技进步，很多新技术、新方法在渔业资源研究中得到广泛应用，主要体现在以下 4 个方面。

**1. 多学科的综合，不同学科的渗透**

渔业资源研究涉及海洋生物学、海洋生态学、渔业资源学、捕捞学、海洋遥感、计算机、地理信息系统、渔业经济与管理、数理统计等学科。

**2. 常态化调查与监测**

渔业资源是动态变化的，要掌握渔业资源的动态，必须开展常态化渔业资源调查与监测。

**3. 计算机模拟与预测**

可以通过计算机模型预测资源的动态变化特点，以制定科学的管理措施。

**4. 生态系统水平下的利用和管理**

渔业资源是生态系统的重要组分，因此，应开展基于生态系统水平的资源利用与管理研究。应由目前的修复、养护型的渔业管理逐步上升到基于资源科学评估的渔业管理，最终实现基于生态系统水平的资源利用与管理。

# 第二节 渔业资源生物学与渔业生态系统动力学

## 一、渔业资源生物学

渔业资源生物学以鱼类种群为中心，研究渔业生物的生命周期中各个阶段的年龄组成、生长特性、性成熟、繁殖习性、早期发育特征、饵料食性以及洄游分布规律等种群生物学特征。渔业资源生物学是研究渔业资源的基础。

**1. 渔业种群**

渔业种群是渔业资源利用的基本单位。生物界基础分类体系包括界、门、纲、目、科、属、种等层次，一般划分到种。但是作为渔业资源研究来讲，还要从渔业种群角度着手，也就是在种下面又进行了种群的划分。

同一鱼种之所以进一步分为不同种群，是因为同种类不同个体，形成了不同的“帮派”，它们是渔业资源开发的基础单位。种群实际上是指生活在一定空间内、有较多一致特征的同一种类生物个体的集合，也就是说，种群是在种的分布区域内，有一群或若干群体中的个体，其形态特征相似，生理、生态特征相同，特别是具有共同的繁殖习性，即相同遗传属性的种内个体群。通常利用形态学、生态学、统计学和分子生物学等方法来划分种群。

**2. 生命周期与早期发育**

鱼类生命周期与早期发育就是指鱼类的生活史过程。鱼类生命周期包括卵期—仔鱼期—仔鱼后期—稚鱼期—幼鱼期—未成熟鱼期—成鱼期—衰老期。为了更好地保护和利用以鱼类为代表的渔业资源，就需要了解其一生的生活过程，以及环境变动对这些过程的影响。

在整个鱼类生命周期中，从出生到性成熟的阶段尤为重要，尤其从鱼卵到仔、稚鱼阶段，一般称之为早期生活史。该阶段鱼类个体非常弱小，容易被大个体捕食，并且对环境变动非常敏感。研究鱼类早期发育就是要解析鱼类生长经过哪些发育过程，发育过程容易受哪些环境因素影响，以及发育过程对自身种群动态的影响等。

**3. 鱼类年龄与生长**

鱼能长多大？我们能捕捞的鱼多大？这些涉及鱼的生长速度、寿命及可捕规格等。所以，要研究鱼是如何生长的、生长速度如何、能生存多少年、生长速度如何变化等。

通常，研究鱼类生长需要借助一些年轮特征来实现，年轮是在鱼类鳞片、耳石、脊椎骨等硬质组织上形成的有规律同心环纹，这些同心的相似环纹以紧密或稀疏的痕迹表现出来，这就是生长的表征。不仅要研究成鱼的年轮，还要研究仔、稚鱼的年轮，甚至精确到天，也就是日龄。鱼类不同阶段生长的变化，对渔业资源量变动的影响是不同的。所以除了成鱼外，还需要研究幼鱼的生长特性。哪些环境因素影响幼鱼生长，又进一步对资源量变化产生什么影响，这对确定合理的捕捞强度和捕捞规格及编制渔获量预报具有重要的意义。

**4. 性成熟与繁殖力**

鱼类性成熟与繁殖力即鱼类繁殖特性。为了更好地了解鱼类，保护和合理开发渔业资源，需要深入了解鱼类的性成熟变化规律和繁殖习性。它们什么时间产卵、产什么样的卵、在什么地方产卵、繁殖力有多强、补充量受哪些因素影响、自然海区一天中有多少比例的成熟亲鱼在产卵、每尾鱼可能产卵量多大、如何对海洋中鱼类的产卵量进行评估等，这些都是涉及鱼类繁殖生物学或生态学的问题。

除了鱼类基础繁殖习性等常规生物学特点外，对自然水域中鱼类产卵量进行评估也是渔业资源评估与管理的重要基础。

**5. 摄食生态**

鱼类摄食生态主要研究鱼类的摄食特性。包括食物组成、食性类型、食物链和食物网等。俗话说民以食为天，渔业资源种类也是这样。整体上，鱼类的食谱非常复杂，包括了自然水域中的广泛的生物门类，小到各种微生物，大到鱼虾贝藻。

鱼类摄食的研究内容包括鱼类摄食的方式、种类、变化规律等，以及基本的采样、鉴定和研究方法等。对多种多样的饵料生物成分进行鉴定是研究鱼类摄食的基础，同时，分子生物学、稳定同位素、脂肪酸分析等方法为鱼类摄食研究提供了新的技术保障。

**6. 分布与洄游**

鱼类分布与洄游主要研究鱼类的分布与集群特性，鱼类的空间分布可以从静态和动态两个方面进行研究。组成种群的个体在其生活空间中的位置状态或布局，称为种群内分布型，这属于静态空间分布特征，有随机分布、均匀分布和聚集分布。各种程度的集群是鱼类最普遍的种群内分布型，一般来说，按照其生活史过程，常见的鱼类集群有产卵集群、索饵集群和越冬集群。种群中的个体或其集群在空间位置上的变动一般称为扩散，这属于动态空间分布特征。

鱼类的洄游是一种大规模集群进行的周期性、定向性和长距离的迁移活动，是鱼类集群行为的特殊形式，目的在于获取某个生活时期所需要的环境条件，并扩大其分布区和生存空间。按生理需求和洄游目的划分，有产卵洄游、索饵洄游和越冬洄游。研究鱼类洄游的主要方法有标志放流法和声呐技术法等。

### 二、渔业生态系统动力学

渔业生态系统动力学研究把近海生态系统视为一个有机的整体，以物理过程与生物过程相互作用和耦合为核心，研究渔业生态系统的结构、功能及其时空演变规律，定量分析物理、化学、生物过程对渔业生态系统的影响，以及渔业生态系统的响应和反馈机制。这种多学科交叉的研究，极大地促进了海洋科学和渔业科学的综合发展。渔业生态系统动力学不仅侧重关键过程的定量研究，还注重对作用机制的解析，尤其注重对生物资源补充机制和优势种更替规律的解释，如渔业资源的动态变化受人类活动、气候变化和环境变迁的影响有多大，全球变暖和海洋环境变化是否会导致生态系统发生不可逆转的变化，受损生态系统是否能够恢复等。而对这些富有挑战性的实际问题，迫切需要加强渔业生态系统的研究，探索这些现象背后的规律，揭示问题的本质，为渔业资源的可持续利用提供重要的理论依据。

## 第三节　渔业资源调查与评估

渔业资源属于自然资源，要开发利用渔业资源，必须先了解渔业资源，需要摸清渔业资源的历史、现状，更需要掌握其未来的变动趋势。

我国所辖海域面积是 300 万 $hm^2$，所辖海域中有多少种鱼类？主要有哪些经济鱼种？鱼类群落结构特征怎样？渔业资源的历史演变过程怎样？资源量是多少？可捕量是多少？所能承受的捕捞压力有多大？未来发展趋势怎样？如何维持渔业生态系统健康，保持渔业资源可持续利用？要回答这些问题就必须开展渔业资源调查与评估。没有调查就没有发言权，渔业科学最主要任务之一，就是正确地估算经济鱼类资源量以及可能渔获量的大小。渔业资源调查旨在阐明调查水域的渔业资源种类与数量分布，并通过对渔业种群生物学特性的了解，获取高质量的渔业数据，为渔业资源评估、渔业资源可持续利用提供科学依据。

## 一、渔业资源调查

渔业资源调查的内容包括海洋自然环境、生物环境和渔业资源三大部分。依据调查的目的与内容，可以分为三个基本类型，一是综合性调查，包括物理海洋、气象、地质、化学、生物学等多学科联合调查；二是区域性调查，为查明某海域渔业资源状况开展的调查，如渤海渔业资源调查，青岛近海渔业资源调查等；三是专项调查，为达到某一目标而开展的调查，如东、黄海鳀资源和渔场调查，胶州湾产卵场调查等。

### 1. 渔业生产监测调查

渔业生产监测调查即通过渔业生产船开展调查，包括查阅渔捞日志、渔港取样和海上取样等，其调查成本较低，获取数据量大，调查对象包括渔民、销售商和加工商等。渔捞日志是由船长所做的每天详细的生产记录，包括强制性和自愿性两种；海上取样和渔港取样需要考虑取样时间、地点、方式以及随机性、低成本和易操作等。通过渔业生产监测调查，可以获取大量的生物学、渔业和社会-经济要素等数据资料。

### 2. 渔业资源科学调查

渔业资源科学调查即通过专业科学调查船开展调查，通常根据调查目的、鱼类洄游规律和海底地形地貌等环境条件对某一种或多种渔业资源进行定点站位调查或非定点站位调查。其中非定点站位的调查设计包括分层随机采样、系统采样和整群采样等，调查设计应遵循统计学原则，使获取数据具有比较好的代表性、可信性。渔业资源科学调查往往需要长时间、系列性的调查，其调查成本较高。

## 二、渔业资源评估

通过渔业资源调查，获得的调查数据主要包括渔获量、年龄和体长结构数据、渔获量与年龄的关系数据、资源量指数、体长-体重关系、繁殖力、性成熟时间、生物和非生物环境数据等。有了调查数据，就可以开展渔业资源评估，渔业资源评估是研究渔业生物种群动态、数量变动的一门学科，渔业资源评估需要结合数学模型进行分析和评估，解析渔业资源的现状及变动趋势。渔业资源评估模型是一类研究渔业资源动态的数学和统计分析方法，一般以参数化数学方程的形式，反映资源种群数量变动规律，预测资源变动趋势。这里主要介绍产量模型和分析模型。

产量模型简化了生物学过程，强调资源量随时间的变化。产量模型仅需渔获量和捕捞努力量等数据，因此适用于渔获物年龄数据缺失或不易获取情况的资源评估。这类模型中最早的是在1935年提出的平衡剩余产量模型，其后作了较大的改进，建立了非平衡剩余产量模型。此外还有时滞差分模型，考虑了产卵和补充量之间的延迟过程，使产量模型有了更好的生物学意义。

分析模型一般按照年龄分布研究鱼类的生长、补充和死亡等过程，体现种群内的生物学差异，因此也叫作年龄结构模型，其中一种重要的模型叫作实际种群分析（virtual population analysis，VPA）。VPA利用逆推方式反演种群的数量变化，适用于数据时间序列较长的种群。有学者对VPA方法加以简化，提出了世代分析方法。分析模型中还有一类叫作统计年龄结构模型，与VPA方法不同，这类模型采用了顺向方式推算各年龄组的数量，并使用统计学方法进行参数估计。种群综合评价（stock syntheses）就是其中的代表，该模型结构灵活多变，能够充分利用多种渔业调查数据。

通过渔业资源调查评估，可揭示海洋环境条件与渔业资源分布的规律，解析各种渔业对象的渔业生物学特性及其种群动态，为渔业管理提供科学依据。目前许多国家所制定的限额捕捞等一系列渔业管理措施，都是以渔业资源评估结果作为科学依据的。

当前全球渔业受到多重胁迫，如何科学地评估与管理渔业、维护渔业资源的可持续利用，已成为亟待解决的关键问题。未来的渔业资源评估将面向国家在海洋渔业领域的战略需求，逐步实现基于生态系统的渔业资源评估，服务于海洋渔业资源的增殖与养护，为渔业资源可持续利用和海洋生态文明建设提供科学依据。

## 第四节　渔业资源渔场学

### 一、海洋渔场概述

渔业捕捞中有这样一句话，“变则动，动则集”，这句话是说，如果一片水域长时间保持平静，鱼类是比较分散的，但是当环境突然发生剧烈变化的时候，鱼类就会聚集成群，这时候就会形成比较好的渔场，有利于渔船的捕捞。

栖息在海洋中的鱼类，一般都有集群和洄游的生活习性，这是鱼类生理与生态习性上所引起的条件反射，是鱼类在长期生活过程中对环境（包括生物和非生物环境）变化相适应的结果。在不同的生活阶段和不同的海洋环境条件下，一些在生理状况相同，又有共同生活需要的鱼类个体会集合成群、共同生活，以保障种族的延续，这就是集群。集群产生原因一般可分为生殖集群、索饵集群、越冬集群和临时集群（图7-2）。而多数鱼类、海兽等水生动物，由于环境影响和生理习性要求，会出现一种周期性、定向性和集群性的规律性移动，称之为洄游。洄游是鱼类为扩大其分布区和生存空间以保证种的生存和增加种类数量的一种适应属性，一般以周年为单位。洄游通常是按一定路线进行移动的，洄游所经过的途径，称为洄游路线，洄游所经过的海域又可能形成渔场。

图7-2　集群产生的原因

广阔的海洋中虽然蕴藏着极为丰富的鱼类和其他海洋生物资源，但并不是处处都有可供捕捞的密集鱼群。由于海洋生物自身的生物学特性，以及外界环境因素的影响，海洋渔业生物呈现出不同的分布状态，而非均匀分布在各个水域中。通常所说的海洋渔场，一般是指海洋经济鱼类或其他海产经济动物比较集中，并且可以利用捕捞工具进行作业，具有开发利用价值的一定面积的场所（海域）。渔场也并非一成不变，会随着一些环境条件的变化、一些因素的制约或者捕捞强度过大等因素而发生变化，比如消失或变迁等。曾经是世界著名渔场的纽芬兰渔场位于加拿大纽芬兰半岛沿岸，因拉布拉多寒流与墨西哥湾暖流相互交汇而形成，盛产大西洋鳕，但第二次世界大战后，由于机械化捕捞的普及，渔获量大幅上升，到1992年，大西洋鳕的资源量减少到只有20年前的2%，使得渔场的利用价值大幅下降。

### 二、海洋渔场形成

海洋中，虽然到处可见鱼类或其他经济海洋动物，但是这并不意味着到处都能形成渔场，随时都有渔汛。渔场的形成必须具备三个基本条件：有大量鱼群洄游经过或集群栖息；有适宜鱼类集群和栖息的环境条件；有适合的渔具等。而优良渔场所在的海域则需具备营养盐充足、初级生产力高、饵料生物丰富的特点，它们大多是鱼类和其他海产动物繁殖、生长、索饵栖息的良好场所。根据渔场形成的条件和栖息环境，通常认为流界渔场（如北海道渔场）、涡流渔场（如南极南乔治亚岛海域渔场）、上升流渔场（如秘鲁渔场）、大陆架渔场（如中国近海渔场）和礁堆渔场（如萨南-琉球渔场）是五大类优良渔场。有的渔场可同时具备几种优良渔场的形成条件，如位于太平洋西南部的澳新渔场，既是流界渔场和上升流渔场，又是大陆架渔场。目前，世界上已经开发利用的渔场，大多数分布在大陆架上。

我国近海大部分位于大陆架上，受黑潮和沿岸流的影响较大，海流系统复杂，岛礁广布，局部还有涌升流等现象，水产资源潜力很大，主要渔场有52个，包括莱州湾渔场、烟威渔场、长江口渔场、舟山渔场、闽东渔场等著名渔场。中国海域从热带、亚热带到温带，跨越37个纬度，因此渔业生物种类组成复杂，包括冷温性、暖温性和暖水性种类，其中暖水性种类约占总数的2/3。主要的中上层种类有鳀、鲐、蓝点马鲛、银鲳、蓝圆鲹等，主要的底层种类有带鱼、小黄鱼、大头鳕、鲆鲽类、鳐类等。20世纪60年代，我国近海捕捞对象主要是经济价值较高的大型底层和近底层生物种类，但从20世纪80年代开始，由于过度捕捞，小型中上层鱼类逐渐成为捕捞的主要对象。

## 第五节　渔业资源养护与管理

### 一、淡水渔业资源养护与管理

我国是世界上内陆鱼类最为丰富的国家之一，从冰雪皑皑的世界屋脊上的色林错湖，到长年黑暗的地下暗河，从水量充沛的雅鲁藏浦江到季节性断流的塔里木河，都分布着形形色色的特色鱼种。

我国的江河多为西东流向，北方为冷水性鱼类，中部黄河、长江等水系为平原性鱼类，南方为亚热带鱼类。江河上游为溪流鱼类而下游为洄游性鱼类。据统计，全球鱼类大约有32 500种，我国有鱼类3 446种，其中淡水鱼类1 452种，包括特有淡水种878种，内陆国家一级、二级野生水生保护动物103种。纬度高的黑龙江水系鱼类有130余种，冷水性鱼类较多，“野冷鱼，格外香，吃鱼就去黑龙江。三花五罗十八子，白鱼马哈加鲟鳇”。纬度居中的以长江水系鱼类为代表，长江是我国最长、最大的河流，多支流和湖泊，是淡水鱼最为丰盛的地方，有各种鱼类350余种，上游有“千斤腊子万斤象，黄排大了不像样”，下游有“长江三鲜”。纬度低的珠江水系，有淡水鱼类250余种，拥有四大名贵河鲜（鲈、嘉、鳜、鲥）。

近半个世纪的经济高速发展、近10万座水坝建设、环境污染和过度捕捞，使我国内陆水域自然环境发生了巨大改变。“长江病了，而且病得还不轻”，这是长江的渔业资源现状，也是我国绝大部分水域的真实写照。据《太湖鱼类志》（2005）记载，太湖鱼类共有107种，而近年来的调查仅发现68种。白暨豚、万斤白鲟和三鲜之一的鲥也不见踪影，珠江也遍布罗非鱼、清道夫等外来鱼种。

鉴于严峻的保护形势，我国启动了三大保护措施：一就地保护，包括保护区建设和生态修复，保护其种质资源和重要栖息地。全国现有县级以上水生动植物自然保护区200余处，国家级水产种质资源保护区535处。二迁地保护，将生存和繁衍受到严重威胁的物种迁出原地，移入可控环境中进行特殊的保护和管理，是对就地保护的补充。建立了5个江豚迁地保护地，迁地群体总量已超过150头。三人工繁殖和增殖放流，初步统计，“十三五”期间全国累计投入资金50余亿元，放流各类水生生物苗种1 900多亿单位，放流水域遍及我国重要江河、湖泊、水库和近海海域。

### （一）珍稀濒危水生野生动物繁育

人工繁育是珍稀濒危水生野生动物种群保护的有效手段之一。中华鲟是国家一级保护动物。中华鲟在海洋中生长后，到金沙江繁殖。葛洲坝和三峡工程的建设，阻断了中华鲟的洄游通道。为了保护中华鲟，研究并实现了其全人工繁殖，即在人工条件下培育出子二代个体。通过将人工繁殖的中华鲟放流到长江，使其在长江中还能维持一定的种群规模。目前，国内已经成功开展了多种珍稀水生动物的人工繁殖。农业农村部分两批发布了25种人工繁育国家重点保护水生野生动物名录。

### （二）水生生物资源保护与调查

#### 1. 水生生物自然保护

我国的水生生物保护区分为水生物自然保护区和水产种质资源保护区。对于代表性的自然水域生态系统，或者珍稀濒危水生生物的天然集中分布区，依法划出一定面积，予以特殊保护和管理，这就是水生生物自然保护区。

长江上游珍稀特有鱼类国家级自然保护区，由长江上游部分干流、赤水河干流和部分支流、岷江下游及其支流越溪河，以及长江支流南广河、永宁河、沱江和长宁河的河口区河段组成，涉及四川、贵州、云南、重庆四省（直辖市）。保护区的主要保护对象为白鲟、达氏鲟、胭脂鱼等68种长江上游珍稀特有鱼类及其重要生境。

为保护水产种质资源及其生存环境，在具有较高经济价值和遗传育种价值的水产种质资源的主要生长繁育区域依法划定并予以特殊保护和管理的水域、滩涂及其毗邻的岛礁、陆域，则被称为水产种质资源保护区。

长江刀鲚国家级水产种质资源保护区由两块区域组成，分别位于长江河口区和长江安庆段。主要保护刀鲚，其他保护物种包括中华鲟、江豚、胭脂鱼、松江鲈、鳜、翘嘴鲌、黄颡鱼、大口鲇和长吻鮠。

在长江大保护的背景下，从 2018 年 1 月 1 日开始，长江流域内 332 处水生生物保护区率先逐步实施全面禁捕，其中包括 53 个水生生物自然保护区和 279 个水产种质资源保护区。

保护区对于物种来说属于就地保护措施。对于一些极度濒危，而且自然栖息地受到严重破坏的物种，可以将一些个体迁出原来的栖息地，移入其他水域或水族馆，进行特殊的保护和管理。长江江豚是国家一级保护动物，也是长江大保护成效的重要指示性物种。由于长期受高强度人类活动影响，长江江豚种群快速衰退，目前仅 1 000 余头，极度濒危。在不断强化就地保护的同时，有关部门也建立了 5 个迁地保护地，迁地保护的群体总量已超过 150 头。

**2. 珍稀濒危水生动物野生群体调查**

开展珍稀濒危水生动物野生群体调查，可以使我们掌握其种群现状，指导制定保护措施和评估保护成效。

长江鲟是国家一级保护动物。20 世纪 80 年代以前，调查表明长江鲟是长江上游常见的经济鱼类。2000 年前后，长江鲟的种群规模急剧缩小，长江鲟的自然繁殖活动中止，基本靠人工放流维持种群。2014 年至 2018 年，长江重庆江段每年监测捕获尾数为 1、3、1、4、3 尾，2020 年增加到 17 尾，2021 年发现了 20 多尾。监测发现的基本为体长不到 50cm 的幼鱼。这表明人工放流对增加长江鲟的种群数量效果较为明显，但能否建立起自然繁殖种群还有待观察。

### （三）珍稀濒危物种生境保护和改良

长江鲟自然繁殖中止的原因，很可能是生境条件的改变。由于水电开发、挖沙采石等人为活动的影响，长江鲟传统产卵场的水文情势、底质状况等关键因素无法满足正常繁殖的需要。此外，长江上游多种珍稀特有鱼类在流水环境中产漂流性卵，水坝的建设改变了河流自然水文条件，对这些鱼类的繁殖活动有很大影响。所以，生境的保护和改良，对珍稀濒危水生生物的保护也是十分重要的。

可以通过水电站的生态调度，为下游河道中鱼类的繁殖提供必要条件，如三峡工程已经开展多次生态调度，以促进四大家鱼的自然繁殖。还可以在水坝上建设鱼道，帮助鱼类洄游，如在青海湖周边河流建设的鱼道，不仅成为青海湖裸鲤繁殖个体的上行通道，还是一种独特的景观。还可以设置人工鱼礁和人工鱼巢，为鱼类提供产卵或栖息场所。

## 二、海洋渔业资源养护与管理

### （一）海洋渔业资源现状

在捕捞、气候变化等多重压力下，海洋已经不堪重负，渔业资源普遍衰退。为缓解渔业资源的衰退，科学的渔业管理与养护逐渐提上日程，也成了渔业发展中迫切需要解决的问题。在中国，2 000 多年前春秋战国时期范蠡的《养鱼经》以及《吕氏春秋》中的“涸泽而渔，岂不获得？而明年无鱼”等，都表达了渔业资源养护和可持续发展的思维。改革开放之初，“捕捞过度，资源衰退”的讨论引发了捕捞渔业可持续资源管理的探索和新管理措施的实施。1978 年，全国科学大会之后，中国水产学会复会后的第一次大型学术会就是围绕“捕捞过度、资源衰退”进行讨论，鼓励可持续资源管理的探索，如拖网退出渤海、对虾增殖放流等。

20 世纪 90 年代以来，国家实施了一系列新的渔业管理措施，如伏季休渔（多次延长休渔期)、捕捞产量"零增长"、捕捞渔船"双控"、捕捞总量控制与限额捕捞试点以及长江十年禁捕等。这些措施给渔业资源带来了休养生息的机会。在此期间，在国家973计划项目、自然科学基金重大项目的支持下，一些关键性基础理论也得到发展，从"生态转换效率与营养级呈负相关"到"非顶层收获"策略，为中国捕捞种类营养级低、产量高的合理性提供了理论依据。进入21世纪后，国家对现代渔业发展实施了一系列重大举措，资源养护、生态优先、可持续发展成为现代渔业绿色发展的主题词，形成了一些纲领性文件。2006年，《中国水生生物养护行动纲要》提出了资源增殖或海洋牧场建设。目前，我国每年增殖放流各类苗种超过400亿单位，通过增殖放流，中国明对虾、三疣梭子蟹等经济种类捕捞产量大幅度增加。另外，从2018年开始，为养护黄海渔业资源，中韩两国在黄海开展了联合增殖放流活动，提升资源养护的公众意识和国际形象，取得了良好效果。

### (二) 海洋渔业资源养护措施

世界海洋牧场的发展已经有100多年，主要包括增殖放流和人工鱼礁。近年来，海洋牧场在中国也获得了蓬勃发展，截至2023年3月，共设立国家级海洋牧场示范区169个，主要是人工鱼礁有关的实例。

2013年，国务院《关于促进海洋渔业可持续健康发展的若干意见》，推动了如2017年实施的捕捞总量控制与限额捕捞试点，2020年1月1日实施的长江十年禁捕，2020年7月1日在西南大西洋公海相关海域试行的为期三个月的自主休渔等。2023年开始，农业农村部、公安部和中国海警开展的专项执法行动，也有效维护了各渔区生产秩序，保障了渔业高质量发展，为新时代水域生态文明建设提供了有效支撑。

渔业资源恢复任重道远，需突出管理和养护。自1995年，中国渔业主管部门制定、实施了一系列渔业资源管理养护措施，如渔船双控、伏季休渔、增殖放流等。但综观世界渔业管理100多年的历史，还没有哪一项管理措施能够阻止渔业资源波动或使渔业资源快速恢复。大西洋鳕就是一个典型案例，北冰洋巴伦支海的大西洋鳕，管理水平高、历史长，而黄海的太平洋鳕管理水平低、历史短，但是二者呈现出了相同的资源变动趋势。

由于多重压力以及生态系统不确定性，渔业资源恢复需要持之以恒的努力，探索生态系统水平的适应性对策，强化资源管理与养护依然是坚持不懈的奋斗目标。海洋是我们的"蓝色粮仓"，渔业绿色发展、渔业资源养护与管理的重中之重，是建设资源养护型捕捞业，实施生态系统水平的渔业管理。未来我们要持续执行严格的渔业管理措施，加强栖息地和生态环境保护，促进增殖渔业、休闲渔业、碳汇渔业健康发展。同时，强化捕捞限额和资源增殖的科技支撑，完善渔业资源评估体系，完善海洋渔业资源总量管理制度。

## 附：本章线上课程教学负责人任一平简介

任一平，现任中国海洋大学水产学院教授。海州湾渔业生态系统教育部野外科学观测研究站站长。担任全国海洋渔业资源评估专家委员会专家、中国太平洋学会理事、青岛市海洋学会理事、青岛市生态学会理事资源生态专业委员会主任委员等职务。研究方向为渔业资源生态学、渔业资源监测评估与管理。长期从事海洋生物资源与环境的教学与研究，在渔业资源生物学、渔业生物多样性、渔业资源调查评估和管理及渔业生态系统评估等方面开展了系统的研究工作。主编教材1部、专著1部，参编专著4部。在国内外重要学术期刊发表学术论文200余篇，其中以第一作者或通讯作者发表SCI收录论文60余篇。主持完成的学术成果“近海渔业生态系统监测评估与管理策略研究”获得2021年度海洋科学技术奖二等奖。

# 第八章

CHAPTER 8

# 海洋牧场

## 第一节 海洋牧场概述与规划设计

### 一、海洋牧场概述

提到牧场，大家都会想起那首古老的歌谣“天苍苍，野茫茫，风吹草低见牛羊”，会联想到水草丰美、牛羊肥壮的草原盛景。《辞海》对于牧场的解释是适于放牧的草场，或者是经营畜牧业的生产单位。海洋牧场虽然与草原牧场有所不同，但在本质上二者是相通的。

像在陆地放牧牛羊一样在大海里放牧海洋生物，这是对海洋牧场的描绘。那么，什么是海洋牧场呢？国内外学者对于海洋牧场有着不同的定义，总的来说，欧美等国外学者将渔业资源增殖等同于海洋牧场，其主要内涵是重要经济品种的放流增殖。我国水产行业标准《海洋牧场分类》中提出海洋牧场是基于海洋生态系统原理，在特定海域，通过人工鱼礁、增殖放流等措施，构建或修复海洋生物繁殖、生长、索饵或避敌所需的场所，增殖养护渔业资源，改善海域生态环境，实现渔业资源可持续利用的渔业模式。

国家自然科学基金委员会举办的第230期双清论坛将海洋牧场的概念和内涵描述为：基于生态学原理，充分利用自然生产力，运用现代工程技术和管理模式，通过生境修复和人工增殖，在适宜海域构建的兼具环境保护、资源养护和渔业持续产出功能的生态系统。

海洋牧场建设理念可以追溯到20世纪40年代，我国科学家先后提出“水就是生物的牧场”“海洋农牧化”等创新理念，指出“使海洋成为种养殖藻类和贝类的‘农场’，养鱼、虾的‘牧场’，达到‘耕海’的目的”。我国海洋牧场建设始于20世纪70年代末，早期工作主要为人工鱼礁建设和增殖放流。美国在1968年制定海洋牧场建设计划，1974年在加利福尼亚建立了海洋牧场。日本在1971年举行的海洋开发审议会中提出海洋牧场的定义，韩国从1998年开始实施海洋牧场计划。由于不同国家和地区的生态环境特征、经济发展状况、科技发展水平和生活文化传统等方面存在差异，海洋牧场开发和建设模式各具特色。

纵观海洋牧场发展历程，从理论和技术层面可以划分为三个阶段。

以农牧化和工程化为驱动力的海洋牧场1.0，即传统海洋牧场，呈现人工鱼礁营造牧场生境和增殖放流养护渔业资源建设的特征，但牧场建设理念亟待创新，牧场建设体系亟待完善，牧场建设管理亟待规范。

近年来，国际海洋牧场建设仍停留在人工鱼礁投放与增殖放流等方面，理论与技术未见显著突破。我国在“生态优先、陆海统筹、三产贯通、四化同步”理念指引下，海洋牧场建设成为“两山”理念在海洋领域的重要践行方式。现代化海洋牧场建设理论与技术创新显著增强，更加重视生态环境保护和生物资源养护，注重提供更优质、安全、健康的水产品，改善国民营养和膳食结构，尤其是国家级海洋牧场示范区启动建设，以生态化和信息化为驱动力，标志着进入了海洋牧场2.0，即海洋生态牧场，呈现以下建设特征。

**1. 建设内容更加丰富**

自然生境构建、苗种培育、设施与工程装备、环境监测评价等海洋牧场建设的关键技术逐渐成熟。增殖放流得以加强，2015年起，每年6月6日定为“放鱼日”。

**2. 建设技术显著提升**

坚持生态优先、原创驱动、技术先导和工程实施，突破生境修复、资源养护、安全保障等一系列关键技术，最终构建海上“绿水青山”。“因海制宜”，突破了南北方典型海域生境修复新技术，完成了海洋牧场生境从局部修复到系统构建的跨越。“因种而异”，突破了关键物种资源修复技术，实现了生物资源从生产型修复到生态型修复的跨越。“因数而为”，突破了环境与生物资源远程实时监测和预警预报技术，实现了海洋牧场从单因子监测评价到综合预警预报的跨越。从原理认知、设施研发、技术突破和应用推广四个层面构建了海洋牧场理论与技术应用体系，涵盖国家、行业、地方和团体标准的标准体系得以初步构建。

**3. 建设模式推广示范**

2015年底，首批22个国家级海洋牧场示范区获批建设。截至2022年1月，覆盖渤海、黄海、东海和南海的153个国家级海洋牧场示范区已获批建设。全国累计投入海洋牧场建设资金达到100多亿元，海洋牧场固碳增汇能力显著。已建成的海洋牧场年固碳量达到32万t，生态效益约每年1 003亿元。

然而，系统建设技术体系亟待创新，规划建设标准体系亟待制定，建设效果评价体系亟待完善。面对新形势和新任务，以数字化和体系化为驱动力，海洋牧场3.0，即涵盖淡水和海洋的全域型水域生态牧场即将到来。贯彻“两山”理念，聚焦“双碳”目标，创新“生态、精准、智能、融合”的现代化海洋牧场发展理念，构建科学选址、规划布局、生境修复、资源养护、安全保障、融合发展的全产业技术链条，建设全域型水域生态牧场。在北方海域，打造生态牧场“现代升级版”；在南方海域，拓展生态牧场“战略新空间”；在内陆水域，开启生态牧场“淡水新试点”。

## 二、海洋牧场规划设计

### （一）建设思路

**1. 保护利用并进**

充分利用水域自然生产力，实现不投饵；充分利用水体营养盐存量，实现不施肥；切实保障水产品安全，实现不用药。提升渔民经济收益，实现增收入；实施渔旅产业融合，实现增就业；实施清洁能源与生态牧场融合发展，实现增碳汇。

**2. 场景空间拓展**

贯彻习近平总书记“坚持山水林田湖草沙冰一体化保护和系统治理”的指示精神，拓展海洋牧场发展空间，形成涵盖海洋和淡水水体的全域型水域生态牧场。

**3. 核心技术突破**

开发生态牧场生态化、精准化、智能化装备，构建资源环境信息化监测平台，研发灾害预警预报与专家决策系统，提高生态牧场运行管理的智能化水平。

**4. 发展模式创新**

强化景观融合、资源融合和产业融合，研发生态牧场多维场景营造技术，研发生态牧场智能安全保障与深远海智慧养殖融合发展平台，创建产业多元融合发展模式。

### （二）发展技术体系

**1. 生态工程新技术体系**

研发生态型设施，优化“草、鱼、虾、贝、参”等复合多营养级食物网结构，实现净水、保水与资源养护的一体化。建立人工藻礁增殖区，利用大型藻类生产生物能源、有机肥料，打造贝类和藻类特色产业模块，构建固碳增汇、循环经济新模式。

**2. 精准生产新技术体系**

依托“北斗”卫星精准定位与高分辨率遥感等基础服务，研制智能采收、监测装备，构建水域生态牧场资源环境信息化监测平台。开展生态牧场与风机融合布局设计，开发波浪能等清洁能源，构建智慧“能源岛”，打造高质化产业融合发展基地。

**3. 智能管理新技术体系**

科学规划生态牧场各功能单位的平面布局，利用大数据分析技术，制定适宜的采捕策略。利用人工智能技术，建立水域生态牧场资源环境预警预报专家决策系统。

### （三）发展融合模式

**1. 景观融合模式**

运用景观生态学原理，构建生态湖海堤，修复淡水和滨海湿地，综合提升陆上湖泊和近海环境质量。建设生态廊道，修复河岸沙滩。大力发展景观生态旅游，适度发展游钓渔业。

**2. 资源融合模式**

依托大型综合智能平台和海上漂浮城市理念，建设水域城市综合体，提高水域产能，有效推动碳汇渔业、环境保护、资源养护和新能源开发的有机融合，构建新型“人水和谐”发展模式。

**3. 产业融合模式**

创新一、二、三产业融合发展模式，实施生态牧场与能源开发、文化旅游、设施养殖等产业多元融合发展，创新生态牧场与新能源产业、深远海智慧渔场等融合发展新模式。

海洋牧场建设必须坚持与自然共建、与渔民共建，坚持生态保护优先，自然修复为主，能保护的就不要修复，能修复的就不要重建。海洋牧场建设不仅是新模式，还是一种新业态。海洋牧场建设初见成效，现代化海洋牧场建设刚刚起步，一系列重大基础科学问题和技术瓶颈亟待系统研究与突破。应坚持生态、精准、智能、融合发展理念，拓展发展空间布局，构建全域型水域生态牧场，发展三产融合、渔旅融合、渔能融合等功能多元新模式。

## 第二节　人工鱼礁构建理论与技术

### 一、人工鱼礁的场效应

海洋牧场，首先是一个场，是一个适合牧鱼的场。场的概念众所周知，如物理里面常说的磁场、引力场、温度场等，海洋牧场的场，在大的方面通常包含产卵场（鱼类繁殖的地方)、索饵场(鱼类生长发育的地方)和越冬场(鱼类需要一个相对温暖的地方过冬)。本质上说,场就是一种环境。这个环境可以是单因素环境,如温度场、盐度场等,也可以是多因素综合环境,如产卵场,其中就包含温度场、盐度场、饵料场、空间场等,是多个单因素场的叠加总和(图 8-1)。

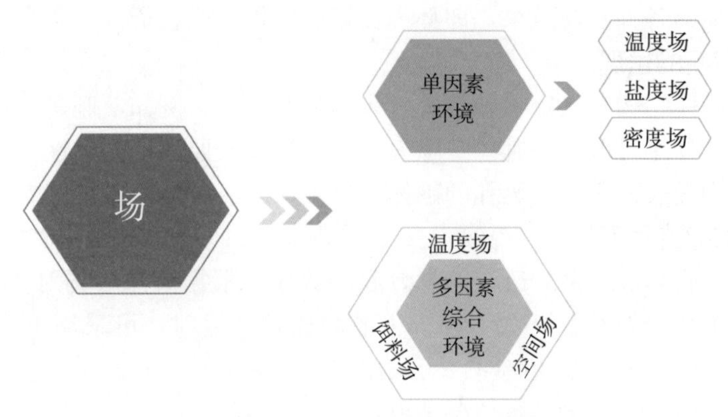


图 8-1 人工鱼礁的场

在海洋牧场中,人工鱼礁的作用就是模拟某些容易聚集鱼类栖息的自然环境,是通过独特的设计,所构建的一种人工环境,这个人工环境,就是各种场的构建和叠加的总和。就目前的海洋牧场建设的实践来看,基本都是以构建产卵场、索饵场为主,或者是二者兼有。

人工鱼礁投放后,首先在海底形成一个空间场,相当于在海底给鱼类营造了一处"房产"。它所起的作用,首先是避敌效应,也就是保证鱼类的安全,特别是对幼鱼来说尤为重要。其次是流场效应,人工鱼礁投放后会在人工鱼礁的上部产生上升流,在它的背后产生涡流,在它的内部产生各种不同形式和不同强度的乱流。这些流综合起来,就形成了人工鱼礁流场。这个流场的涡动和混合作用,将对周围的温度场、密度场等物理场,对各种营养盐、pH、溶解氧等化学场,对微生物、浮游生物、底栖生物、游泳动物等生物场产生直接影响。不同种鱼类,或者同一种鱼类的不同生活史阶段,对流场和空间都有不同的需求。大体可以分为三类:恋礁性鱼类,喜欢栖息于鱼礁表面或缝隙;趋礁性鱼类,在人工鱼礁周围游泳或在附近的海底栖息;洄游性过路鱼类,在岩礁表面以外的中上层空间活动。最后是生物效应,这是一个综合效应,是所有物理场、化学场相互叠加、相互影响,最后在生物上的具体呈现。由于生物对理化场响应的滞后特性,人工鱼礁投放后,会开始一个生物群落的复杂演替过程。鱼礁表面从微生物膜到附着藻类、贝类、棘皮动物等;鱼礁内部、周围聚集各种大型底栖和游泳动物,这些动植物因生境场适宜而聚,又通过光合、呼吸和生长,影响着鱼礁周围的理化场等。这些各种场的相互影响,既不断变化,又相对稳定。围绕着人工鱼礁的投放而发生的各种场的变化及其相互作用,就像是海洋牧场的"血液循环",支撑着海洋牧场的正常运作。

但就目前来说,仅仅停留在对人工鱼礁产生的生物效应的观察和初步认识阶段,而对这些场的内部结构和运作机制还远远达不到了如指掌的程度,而这是实现人工鱼礁海洋牧场生态系统的精准构建和控制的必要条件。

## 二、人工鱼礁构建理论与技术

海洋牧场的各种场的形成和优化，主要是利用人工鱼礁，并通过人工鱼礁的避敌效应、流场效应、生物效应来实现。以此为理论基础，通过材料、礁型、布局等相应的技术手段，呈现出预期的各种宏观效果，即环境良好、生物多样、资源丰富。

### （一）避敌效应的呈现

一般来说，礁体结构是决定鱼礁聚集效果的主要因素。例如，刺参、短蛸、鲍、海胆等对礁体形状的选择主要取决于礁体空隙大小、数量及光照度；岩礁性鱼类更趋向于停留在岩礁表面，特别是表面积大且无孔的礁体对这类鱼类的诱集效果最好。

### （二）流场效应的呈现

人工鱼礁投放到海底，最先改变的是海底的流场。根据海洋牧场对流场的不同要求，会采用不同的人工鱼礁设计。比如，要求上升流比较旺盛时，可采用上升流礁、导流板礁；要求内部和尾流区的复杂流场时，可采用“米”字形礁、乱流礁；对流场无特殊要求时可采用普通框架礁。对于大多数情况来说，结构复杂的鱼礁，可构建出多样化的流场结构，而多样化的流场结构是海洋牧场的基本要求。一般采用 2 种手段，一种是调整鱼礁的整体结构，如金字塔形、脚手架形等。另一种是调整鱼礁的表面或内部结构，如表面开孔、增加内部构造（“米”字形构造、车叶构造）等。

### （三）生物效应的呈现

人工鱼礁可以作为生物的附着基，通过附着大量生物，为聚集而来的鱼类提供饵料。附着生物的丰富度和多样性越高，诱集生物数量和种类也更加丰富。以生物效应为目标设计礁体时，应重点考虑如何获得更多的可附着表面积。以“投石造礁养参”模式为例，礁石本身近似天然礁石，表面积丰富，具有天然优势，堆叠投放在一起形成礁区后，生物效应非常显著，除对底播刺参有良好的增殖效果外，对该海域其他岩礁性生物也具有显著的聚集作用。但生物量过大也会造成生态环境的脆弱，如溶解氧供给和消耗平衡出现问题时，极易导致礁区生物因缺氧而大量死亡。因此，在进行鱼礁结构设计时，应以礁区生物在不同水层的行为习性为依据，提升礁体的主体高度，充分利用礁体所占据的空间，使鱼礁能够吸引各水层不同种类的栖息和附着生物，降低在礁区突发缺氧层、温跃层等环境灾害时暴发大规模死亡的风险。

在人工鱼礁区构建时，应在海洋生态系统原理的指导下，综合考虑上述三种效应对礁区生物群落的影响。比如，北方地区构建游钓型海洋牧场，以许氏平鲉、大泷六线鱼这类岩礁性物种为主，以“鱼类全生活史海洋牧场”的理念为指导，为鱼类提供产卵保护礁、幼鱼培育礁、成鱼养成礁等适宜礁型和合理布局，进行综合构建。南方热带海域构建潜水游乐型海洋牧场，除能够聚集鱼类栖息定居外，还能满足人类感官和安全的需求。

# 第三节　海洋牧场典型生境构建理论与技术

生境是生物个体、种群或群落所在的具体栖息场所的生态环境，良好的生境是海洋牧场建设的基础。建设海洋牧场，首先要进行生境构建，包括对环境的调控与改造工程以及对生境的修复与重建工程，也就是给鱼、贝等资源生物提供生活、栖息的场所，使它们能够自由地聚集、活动、繁衍、成长。渔业资源生物种类繁多，其生境也多种多样，典型的近海生境有牡蛎礁、海草床、海藻场、珊瑚礁等。

大规模围填海工程、工农业活动产生的大量废水和污水的无序排放、超容量海水养殖、过度捕捞、近海油气矿产资源的开采与密集运输等是造成生境退化、资源衰退的主要原因。近海典型生境的保护修复迫在眉睫、刻不容缓。世界各国都高度关注生境的修复与重建。我国的科技工作者瞄准国家重大战略需求，攻坚克难突破技术瓶颈，通过人工生境构建，从生境营造、生境修复和生境优化三个方面建设海洋牧场。在生态系统理论的指导下，牡蛎礁、海草床、海藻场、珊瑚礁等近海生境修复工作循序渐进，生境结构功能得以优化。

## 一、牡蛎礁、海草床构建理论与技术

### （一）牡蛎礁构建理论与技术

牡蛎礁是由大量牡蛎不断固着在硬基质表面生长或沉积形成的生物礁体，广泛分布于温带河口和滨海区，具有水体净化、栖息地、岸线防护等功能。近一个世纪内，全球85%的牡蛎礁退化或消失，是破坏最为严重的近海生境。牡蛎礁修复或建设需要在系统调查的基础上进行，除摸清水文、水化学、海洋生物等因素外，还要查明牡蛎种质状况、自然补充量、自然附着时期、附着基质数量等，掌握牡蛎礁的分布、现状和受威胁程度，经充分论证，形成牡蛎礁保护、修复和建设的科学、可行的实施方案。牡蛎礁修复实践已在多个国家开展，美国切萨皮克湾，澳大利亚卡尔干河，中国海门蛎岈山、长江口导堤等牡蛎礁恢复项目成功实施。

中科院海洋研究所在国家级海洋牧场示范区祥云湾海洋牧场通过试板实验、潜水采样和布设地笼网等研究人工牡蛎礁的群落特征及其生态效应，为现代化海洋牧场建设提供了理论支撑。中科院烟台海岸带所发现黄河口存在大规模近江牡蛎礁，通过室内人工培育技术将其附着于牡蛎壳上，然后将其投入修复海域，取得了一定的修复效果。牡蛎礁保护、修复与构建已经成为国际研究的热点和难点，目前已初见成效，亟待理论、技术突破和工程实施（图 8-2）。

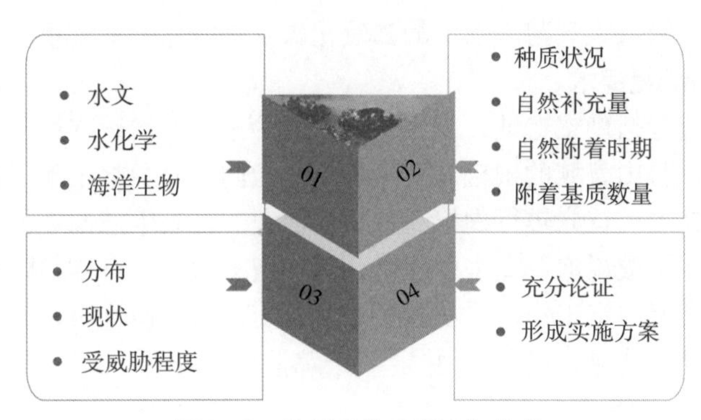


图 8-2 牡蛎礁构建理论与技术

### （二）海草床的生态功能与构建技术

提到牧场，大家首先想到的是一望无际的大草原，海洋牧场同样也有海底草原，也称海草床。海草是由陆地植物演化的适应海洋环境的高等植物，是地球上唯一一类可完全生活在海水中的被子植物，一般分布于低潮带和潮下带 6m 以上（少数可深达 30m）的近海生境。海草床与红树林、珊瑚礁并称为滨海三大典型生态系统之一，具有极其重要的生态功能，不仅在净化水质、促进营养物质循环、隔离细菌病原体等海洋生态环境改善方面发挥重要作用，还为众多生物提供多样的栖息生境，具有重要的资源养护作用。海草床也是最有效的碳封存系统之一，全球海草床每年碳埋藏量达 $27.4\times10^6$ t，是全球重要的碳库，且碳储存时间可达数千年。然而，海草床是非常脆弱的生态系统，极易受到自然环境变迁和人类活动的影响而退化，目前全球超过三分之一的海草床已经完全退化。因此，开展海草床的修复与保护已刻不容缓。目前，海草床的生态修复方法主要包括生境修复法、植株移植法和种子播种法。

近年来，中国海洋大学海草生态学团队在海草床生态修复领域取得了一系列成果，建立了完整的鳗草植株移植技术和种子播种技术，研制了高效的海草机械辅助增殖装置和设备，在黄渤海海域修复养护海草床面积超过1 333 $hm^2$，对我国海草床生态修复作出了贡献。

## 二、海藻场构建理论与技术

### （一）海藻场

潮间带有多种海洋植物，如海带、裙带菜、羊栖菜等大型海藻，潮水涨满时，这些大型海藻群落看上去就像海底森林，这就是常说的海藻场。海藻场其实是海藻场生态系统的简称，具体来讲，海藻场是指沿岸潮间带和潮下带浅水岩礁区大型藻类与其他海洋生物、环境共同构成的一种典型近岸海洋生态系统，广泛分布于冷温带、热带及亚热带海岸。

大型海藻是光合自养型生物，是海洋生态系统中重要的物质基础生产者，某些海域（如印度洋沿岸）海藻场的初级生产力甚至可与陆地热带雨林相媲美。同时，大型海藻对海水中氮磷营养盐及重金属等均具有很强的吸附作用，能有效防止海域富营养化，并能净化和改善水质。此外，大型海藻的叶片能为底栖微藻和钩虾等海洋生物提供生活空间，藻场内相对静稳的水体环境可为腹足类、甲壳类等生物提供优良栖息地，因此，海藻场内维系着较高的物种多样性，是沿岸水生动植物的种质库。海藻场也参与生物圈尤其是近岸生物圈的碳循环过程，吸收大气与海水中的二氧化碳，是海洋碳汇的重要组成部分。

### （二）海藻场的修复技术

海藻场修复一般包括勘察选址、本底调查、藻种选择、增殖移植、建设实施及监测管理等技术环节。现以舟山海域的枸杞岛海藻场修复为例，介绍基于水下钻孔法的平板型铜藻藻礁海藻场修复技术。首先进行枸杞岛水环境、大型海藻生态调查，确定以铜藻作为修复藻种。然后将水泥平板浸泡于海水中除碱，通过孢子水法进行室内附苗，同步进行海域的水下钻孔与藻礁支架固定工作，待幼孢子体生长 15d 后，通过潜水作业方式将附有幼苗的水泥平板固定在水下藻礁支架上，并定期跟踪监测与维护，300d 后，铜藻长势良好，海藻场覆盖度提高了 32.4%。

## 三、珊瑚礁构建理论与技术

从全球来讲，珊瑚礁退化得非常严重，主要是因为全球气候的变化，尤其是厄尔尼诺现象，造成造礁珊瑚大面积白化。造礁珊瑚虽然生活在热带地区，但特别害怕持续高温或低温，水温不能长时间超过 30℃或低于 13℃，否则会导致虫黄藻的丧失，造礁珊瑚白化。海岸工程、污染和过度捕捞等人为活动也会对珊瑚礁产生影响。海岸工程致使大量泥沙、沉积物注入海洋，导致水体浑浊，而造礁珊瑚非常重要的特性，就是它与体内的虫黄藻共生，能量的主要获得方式是光合作用，水体浑浊就会致使造礁珊瑚白化死亡。同时，海岸城市的排污，也会造成海水浑浊，海岸植被的破坏，也会致使暴雨之后大量泥沙注入海水，导致海水浑浊，这都会影响造礁珊瑚的光合作用。过度捕捞，甚至把珊瑚都敲掉，这种对珊瑚礁资源无节制的破坏，会击垮一个区域内整个珊瑚礁生态系统。在人类活动和气候变化的影响下，海南岛附近造礁珊瑚的覆盖率从 1978 年的超过 60%降低到 2019 年的 12%，在近 30 年的时间里覆盖率减少了约 80%。

气候变化和人为活动引起海水环境的变化导致珊瑚退化非常严重，并且这个退化趋势在扩大，而珊瑚生长非常缓慢，并且破碎化区域的珊瑚幼体无法附着生长，仅仅靠珊瑚自然恢复非常困难，所以需要人工干预修复珊瑚礁。当然，在大自然面前人的力量还很渺小，不可能把受损的珊瑚礁都进行修复，况且成本也很高。只能在丧失造礁珊瑚的地方播撒新的苗种，开辟一个种源地，再让造礁珊瑚自然繁衍。相比人工修复珊瑚礁而言，更重要的是对珊瑚礁的管理和维护，这就要求政府管理部门、渔民结合起来，管理部门提供政策支持，通过与渔民的合作，在修复的基础上恢复珊瑚礁资源，形成牧场效应。通过管控也能够避免受损珊瑚礁连续遭受外界干扰，这也能更好地促进珊瑚礁的自然恢复。

目前研发有三种针对海南岛附近珊瑚礁的修复技术，一种是工型珊瑚种植礁，一种是黎族船型屋礁，另外一种是利用海南本地的火山石来修复珊瑚的方法。工型珊瑚种植礁和黎族船型屋礁是通过工程化的水泥礁体搭载玄武岩的网格板进行珊瑚移植，修复破碎化的区域。实验发现，应用这三种珊瑚礁修复技术修复破碎化珊瑚礁，人工修复珊瑚礁面积 $1hm^2$，共移植珊瑚 10 种、5 000 多株，1 年后珊瑚成活率超过 90%，单种珊瑚面积增加近 10 倍，造礁珊瑚覆盖率从不到 15%提高到 23%左右，同时，鱼类和底栖生物数量显著增加。

## 第四节 海洋牧场监测与评估

海洋牧场建设产生了巨大的生态和经济效益，但海洋牧场建后环境与资源改善效果如何？如何避免海洋牧场生物受到海洋灾害威胁？要回答这些问题，必须对海洋牧场进行监测评估，这对掌握海洋牧场生态环境和渔业资源状况、进行海洋牧场防灾减灾工作均具有重要意义。

### 一、海洋牧场监测

海洋牧场监测包括常规监测与在线监测。常规监测指在海洋牧场范围内设置站位，长期、逐年在相对固定的时期对环境、生物、海底生境等要素进行监测。在线监测主要包括浮标在线监测与海底在线监测，其中浮标在线监测主要聚焦于海洋牧场表层环境要素，而海底在线监测重点关注海洋牧场最关键的水下鱼礁区的生态环境和生物资源，海底在线监测依托海底有缆在线监测系统进行，其特点是实现了海洋牧场的可视、可测、可预警。

所谓可视，是指通过搭载于系统观测平台的水下高清摄像机，获取海洋牧场重要区域的大量、实时、连续的水下视频。且基于视频识别技术，可将视频图像资料自动转化为渔业资源统计数据，直接指导海洋牧场生产实践。

所谓可测，是指通过搭载于系统观测平台的各种先进仪器设备，实时监测记录海洋牧场的海洋环境参数。海洋牧场多处于近岸浅水区域，受陆源输入、外海水团入侵等多方面影响，因此需要掌握海洋牧场海域复杂的环境特征。

所谓可预警，是指基于实时观测数据，对高温、低氧、赤潮等海洋灾害进行预警，一旦相关环境参数低于设置的生态灾害发生阈值，则通过牧场信息化平台在线预警提醒，还可通过视频监测帮助牧场对外来物种入侵、珊瑚礁白化等灾害进行预警。海洋牧场的可预警能帮助牧场有效避免海洋灾害损失。

海底在线监测应用的典型案例是山东省海洋牧场观测网，于 2015 年启动，目前已布放 60 余套海底有缆在线监测系统，并建立了海洋牧场观测预警数据中心，为保障山东省海洋牧场的可持续健康发展作出了巨大的贡献。

## 二、海洋牧场评估

海洋牧场评估基于海洋牧场的监测结果开展，主要包括生态效益、经济效益、社会效益等方面的评估，重点关注海洋牧场建设前后各评估指标的对比情况。不同类型海洋牧场评估侧重点不同，养护型海洋牧场重点评估生物资源与环境变化，增殖型海洋牧场重点评估增殖对象变化，休闲型海洋牧场重点评估经济效益及社会影响。

## 附：本章线上课程教学负责人梁振林、杨红生简介

梁振林，山东大学海洋学院教授，现任山东大学威海校区生物测试中心主任、海洋学院学位分委会主任，兼任中国海洋学会理事、中国水产学会捕捞分会副主任、山东水产学会副理事长、农业农村部与山东省海洋牧场建设专家咨询委员会委员等。主要从事海洋牧场与海面养殖设施、渔业管理方面的研究与教学工作，是“鱼类全生活史海洋牧场”倡导者。发表论文150余篇，国家发明专利等知识产权20多项。

杨红生，中国科学院海洋研究所研究员，现任中国科学院海洋研究所副所长、烟台海岸带研究所常务副所长。长期从事养殖生态学、海参遗传育种与养殖、海洋牧场建设等研究。系统地揭示了大型藻类、滤食性贝类、棘皮动物的生态功能，培育了刺参新品种（品系），丰富了海洋牧场构建原理，研制了系列陆基工厂化和浅海增养殖工程设施设备，研发并建立了浅海生态增养殖、典型海湾受损生境和生物资源修复及海洋牧场建设与安全保障技术，相关设施和技术已经在山东、河北等地沿海得以推广应用。先后主持“973计划”、“863计划”、中国科学院战略性先导科技专项（A类）等20余项国家省部级重点课题，发表研究论文200余篇，发明专利40余项，主持制定国家行业标准1项，制定山东省地方标准5项。曾获山东省技术发明奖一等奖1项（2011年）、山东省科技进步奖一等奖2项（2005年、2014年）和二等奖1项（2012年）、青岛市科技进步奖一等奖1项（2012年）、国家海洋局海洋创新成果奖二等奖2项（2006年、2008年）、中国科学院科技促进发展奖1项（2017年）和中国科学院科技促进发展奖（科技贡献奖）二等奖1项（2014年）。入选2009年“新世纪百千万人才工程”国家级人选和“山东省有突出贡献的中青年专家”，2012年青岛市劳动模范，2013年青岛市拔尖人才，2015年泰山学者特聘专家，2016年山东省智库岗位专家，2017年农业部海洋牧场建设专家咨询委员会副主任（委员），2017年中国专利审查技术专家，2018年烟台市“双百计划”全职创新人才，2018年“渔业科技创新领军人才”，2020年“国家濒危物种科学委员会委员”“国务院学位委员会第八届水产学科评议组成员”等。

# 第九章
CHAPTER 9

# 渔业工程与技术

渔业工程与技术，顾名思义，就是如何利用工业生产中先进的“工程化”的理念或技术手段，开展工业化的渔业生产活动，实现高效地为人类提供价廉物美的鱼、虾、蟹、贝、藻等水生动植物。当前甚至是未来相当长的一段时间内，人类社会的发展将面临赖以生存的水、土地、生态、环境等地球资源要素的严重制约。从这个意义上来说，如何运用工程、生物、信息等相关学科的知识，开展渔业工程与技术研究，以绿色、生态、集约、高效的可持续发展理念，提升传统渔业生产的能力，使覆盖地球表面约71%的广袤水域，成为人类社会发展的“蓝色粮仓”，实现将传统的“藏粮于地、藏粮于技”进一步拓展为“藏粮于水、藏粮于技”，是现代渔业发展的重要方向之一。

## 第一节　生态友好型捕捞技术

### 一、海洋捕捞业概况

海洋覆盖了地球表面约71%，蕴藏着数十亿吨的可再生的渔业资源。世界范围内，海洋捕捞在海洋渔业中一直占据主要地位，多年来海洋捕捞总产量占世界海洋水产品总产量的80%以上，每年为人类提供近8 000万t的优质蛋白，并创造了大量的就业机会。我国海洋捕捞具有悠久的历史，按照作业区域可划分为近海渔业和远洋渔业两部分。2020年，我国捕捞渔船13.7万艘，总产量1 324万t，其中近海渔业产量为947万t，远洋渔业产量为232万t，渔业从业人口1 720多万人。主要捕捞种类包括鱼类、贝类、头足类、甲壳类等，其中鱼类约占70%，贝类约占20%，头足类约占6%。我国远洋渔业起始于1985年，包括大洋性渔业、极地渔业以及在其他国家专属经济区内的过洋性渔业，目前已遍及世界三大洋以及南北极海域的30多个国家和地区，现有远洋渔船2 700余艘，规模居世界第一。

### 二、渔具渔法概况

浩瀚的海洋蕴藏着丰富的自然渔业资源，被誉为人类“蓝色粮仓”，为人类提供鱼、虾、蟹、贝等优质蛋白。但是，人类如何才能够高效地从海洋中获取人类所需的水产品，并能够保持渔业资源可持续利用，成为海洋渔业科学与技术领域中广大科技工作者面临的重大命题。

渔具渔法，简言之就是捕捞的工具和方法，这是人类开展生产性水产品捕捞的基础。由于渔具种类繁多，结构复杂，目前国际上还没有统一的渔具分类标准。依据我国2003

年颁布的国家标准《渔具分类、命名及代号》(GB/T 5147—2003),将我国渔具划分为12大类,包括拖网、围网、刺网、钓具等。

**1. 拖网及其捕捞原理**

拖网主要分为单船拖网和双船拖网,一般由袖网、身网和囊网三部分组成。其捕捞原理是依靠渔船动力拖曳渔具在水中运动,将其经过水域的鱼、虾、蟹等捕捞对象拖入网中,达到捕捞的目的。拖网捕捞是海洋捕捞业中最主要的作业方式,年捕捞量占捕捞总产量近50%。根据渔船及其功率大小,拖网渔具长度由数十米到近千米,网口周长由数十米到数百米。

**2. 围网及其捕捞原理**

围网一般由长带形的翼网和取鱼部或囊网组成。其捕捞原理是根据捕捞对象集群的特性,利用网具包围鱼群,通过收绞网具,将鱼群集中到取鱼部或囊网,从而达到捕捞目的。围网是捕捞金枪鱼、鲐鱼等中上层鱼类资源的主要渔具,占世界捕捞总产量的20%～30%。金枪鱼围网规模大,一般总长1 500～2 000m,宽度为250～300m。

**3. 钓具及其捕捞原理**

钓具一般由钓线和钓钩等组成。其捕捞原理是在钓线上系结钓钩,并装上诱惑性的饵料(真饵或拟饵),利用鱼类等捕捞对象的食性,诱使其吞食上钩,从而达到捕捞目的。钓具结构简单,捕捞对象较广,约占世界捕捞总产量的10%。目前,世界上规模最大的钓渔业为金枪鱼延绳钓和光诱鱿钓渔业。全球鱿捕捞量大约在250万t,其中我国约占1/5。

## 三、渔具选择性

海洋捕捞未来发展的一个重要特点是渔具设计要实现生态友好、资源保护、精准捕捞。众所周知,大部分渔具在捕捞过程中,会同时兼捕大量的幼鱼,甚至是将海龟、海豚、海豹等珍稀、濒危保护动物也一并捕捞上来,对渔业资源和海洋生物多样性保护造成严重危害。因此,需要进行选择性捕捞,而不是一网打尽式的野蛮捕捞。所谓渔具选择性,是指通过选择某一种特定的渔具,捕捞具有一定生物特征的捕捞对象,其主要目的是促进幼鱼无伤害逃逸,保护渔业资源;减少其他物种的兼捕,实现种间分离;保护濒危野生动物。

渔具选择性研究已经有半个世纪的历史。大量的研究表明,根据不同捕捞对象的体形特征(纺锤形、圆形或扁平形等),可以通过选择不同的网目形状(如菱形网目和方形网目),调整网目大小,使低于一定捕捞规格的鱼类得以逃逸,以达到保护渔业资源的目的。其次,可以根据鱼、虾、蟹、海豹、海龟等不同的行为特征,通过构建一定的逃逸装置,达到品种分离,以减轻渔民分拣渔获物的劳动强度,或者是将海豚、海龟、海豹等物种从捕捞网具中释放出去,达到保护珍稀、濒危物种的目的。

因此,渔具选择性研究对渔业资源保护、海洋生物多样性保护都具有重要意义。目前,国际上要求强制或部分强制使用选择性渔具,例如,规定渔具的最小网目尺寸,在一些虾类拖网渔业中必须安装分离栅,以及在南极磷虾拖网中必须安装海豹、海龟等的逃逸分隔网片等。

## 四、捕捞装备发展现状与趋势

### （一）捕捞装备发展现状

子曰：工欲善其事，必先利其器。随着船舶工业科技的飞速发展，世界渔船及捕捞技术与装备的发展日新月异，使世界海洋捕捞业的发展基本实现了与船舶工业的同步发展。以美国、日本、西班牙、挪威、冰岛、丹麦等为代表的渔船与捕捞装备先进国家，围绕渔船船型设计和节能减排，及其与捕捞、加工、助渔等装备之间的高集成度，成功地将机电液压自动化控制技术、现代声学技术、卫星遥感技术、无线电通信技术等应用于渔船与捕捞装备领域，逐步实现了自动化、智能化和专业化，推进了渔业现代化进程，并在一些重要鱼类的捕捞生产中，实现了选择性精准化捕捞。

**1. 拖网渔船**

目前世界上最先进的大型拖网渔船总长140m，型宽18m，航速17kn。主要甲板机械包括卷网机、曳纲绞车、网位仪绞车及其控制系统等。其中，曳纲绞车采用先进的液压传动与电气自动控制，拉力超过100t，不但收绞速度快、操作安全灵活，而且自动化程度高。在拖网过程中，能根据鱼探仪等助渔设备获得的鱼群探测信号，通过曳纲平衡控制系统，实现拖网作业水层的自动调整，达到精准捕捞，大大提高捕捞效率。

**2. 围网渔船**

通常围网渔船船长50～80m，船舶总吨2 000～10 000，航速14～17kn，设直升机平台、鱼群瞭望台。主要甲板设备包括绞钢机、网衣绞机、动力滑车等捕捞机械近20种。采用起放网集中协调控制模式，实现边起网、边理网的自动化操作作业。使用海鸟雷达、直升机、无人机开展鱼群侦察，以及带有声学鱼探仪、卫星定位的人工集鱼装置诱集鱼群。

**3. 鱿钓渔船**

鱿钓渔船主要作业区域为西北太平洋和西南太平洋的阿根廷和秘鲁专属经济区外海海域。采用金卤灯、LED灯将鱿诱集到渔船附近，钓机采用电力传动与微电子控制技术，实现起、放、钓循环控制及拟饵仿生运行自动控制，采用输送带自动输送渔获物。

**4. 南极磷虾捕捞加工船**

目前，南极磷虾捕捞主要有大型艉滑道拖网作业和拖网连续泵吸作业两种方式，其中拖网连续泵吸作业可以实现连续捕捞，作业效率是传统中层拖网作业方式的3倍以上。船上配备有冷冻、烘干、虾油、虾粉等磷虾加工设备。为防止南极磷虾拖网作业过程中兼捕海狮、海豹、海象等海洋保护动物，南极磷虾国际渔业管理组织要求拖网渔具必须配备海洋保护动物释放装置，目前主要有分隔网片和分隔栅两种形式。

### （二）渔船与捕捞装备发展趋势

未来，渔船与捕捞装备的发展将以专业化的设计软件和性能分析软件为研发平台，围绕渔船与捕捞装备的安全和节能减排，积极推进标准化、自动化、信息化、数字化和专业化发展，减轻渔民劳动强度，提高捕捞作业安全。

**1. 渔船装备工业化程度不断提高**

以世界远洋渔船为代表的渔船与捕捞装备发展呈现船型大型化、专业化和捕捞装备机械化、自动化等特点。渔船与捕捞装备经历了机械传动、液压传动、直流电力传动的发展历程，随着交流变频电力传动与自动控制技术的发展，全电力驱动技术已成为今后的发展方向，以解决液压传动效率低、管路复杂和油液污染等问题。

**2. 助渔仪器信息化程度不断提高**

随着科学技术的飞跃发展，捕捞技术与装备将步入高科技时代。围绕海洋渔业资源可持续开发，以渔业船联网工程开发与应用为代表，通过在渔船上搭载各种信息感知、处理和传输装备，实现船载设备之间以及船与船、船与岸之间的信息交换和智能化服务，并与自动化捕捞机械系统高度集成，促进捕捞技术向生态友好、资源节约和精准捕捞的方向发展，将全面提高全球远洋渔业捕捞与管理效率，成为未来渔业竞争力的核心技术。

**3. 船载加工装备功能化程度不断提升**

捕捞水产品综合利用是促进捕捞产品增值的主攻方向，围绕船载水产品加工综合利用，船上加工装备将会越来越普及，种类将更加丰富，功能将更加多元，效率将日益提高，加工模式将不断创新，精深加工产品将不断涌现，从而逐步形成资源利用和产品价值最大化的船上捕捞、加工一体化发展模式。

**4. 新材料、新技术应用推动渔船渔具节能化**

玻璃钢、铝合金等轻质材料具有良好的节能效果，欧美地区、日本、韩国以及我国台湾已经基本实现了中小型渔船玻璃钢化，铝合金渔船也在逐步得到推广。以高分子或超高分子聚乙烯材料为代表的渔具新材料，将逐步得到推广应用，随着大网目拖网制造工艺的进步，拖网渔具大型化和节能化将成为发展的重要方向。

## 第二节　海洋设施渔业工程技术

海洋设施养殖的发展水平是衡量一个国家渔业科技水平的重要标志，其核心是在先进的渔业设施、装备及其工程化技术的支撑下，创造出先进的养殖生产模式，推动海水养殖向绿色高质量的现代渔业发展，为国人提供更多更好更健康的海洋食物。

### 一、海水网箱养殖

网箱是由框架、网衣和固定系统组装而成的一种集约化水产养殖设施。网箱起源于世界各地的不同国家，是由渔民用来暂养渔获的“暂养笼”演变而来的。早期的网箱结构比较简单，主要以竹、竿和网片简单扎制而成。到 20 世纪 60 年代末，从日本试养鰤和挪威等国试养鲑开始，海水网箱养殖逐步发展，并成为当今世界重要的海水养殖生产方式之一。

挪威被公认为是目前世界上海水网箱养殖最具成功的典范，其网箱养殖集成了网箱设施与装备、生物工程育种、健康苗种生产、优质配合饲料、鱼病免疫防控、数字化与信息化等多项产业关联技术，推动挪威的海水网箱养殖从近岸浅海海域发展到离岸深水区域和深远海海域，从周长 40m 的小型网箱发展到周长达 160m，甚至 200m 的大型网箱，再到近年来养殖水体达 25 万 $m^3$ 的 Ocean farm 1 和水体达 40 万 $m^3$ 的 Havfarm 1 等桁架结构超大型网箱。挪威网箱养殖工程技术的不断创新与进步使其成为世界最大的三文鱼养殖国和出口国。

中国的海水网箱养殖始于 20 世纪 70 年代，80 年代起快速发展，并先后经历了近海小型网箱、离岸深水网箱和深远海大型网箱三个阶段。目前，这三种类型网箱同时并存，其中尤以近海小型网箱数量最多，2016 年规模最大时网箱总数超过 200 万只。1998 年，我国从挪威引进高密度聚乙烯圆形深水网箱，2000 年之后国产化深水网箱逐步推广应用，到 2020 年底，全国深水网箱养殖水体 3 821 万 $m^3$（网箱数量约 38 000 只），养殖产量 29.3 万 t。

近年来，党中央、国务院高度重视深远海养殖发展。党的二十大报告指出，树立大食物观，发展设施农业，构建多元化食物供给体系。2023 年中央一号文件提出，发展深水网箱、养殖工船等深远海养殖。2023 年 4 月，习近平总书记在广东省考察时对大力发展深远海养殖作出重要指示。目前，海水养殖向更深、更远的水域发展成为政、产、学、研各界的广泛共识，深远海养殖工程装备及养殖技术研发工作得到了积极的推进。2018 年以来，我国先后研建了“深蓝 1 号”全潜式网箱、“德海 1 号”“普网 1 号”智能渔场、“经海 001”坐底式智能网箱、“振渔 1 号”自翻转式网箱等 10 余款大型养殖网箱（图 9-1），有力地推动了我国深远海养殖工程技术的进步与发展。纵观国内外海水网箱养殖发展历程与现状，设施大型化、海区深水化、装备智能化、管理信息化是世界各国海洋设施养殖发展的总体趋势。鉴于此，在海水网箱工程技术方面，今后应重点关注并加强以下三方面的研究，一是网箱水动力特性及安全性评估，二是网箱性能优化与新型网箱创制，三是网箱养殖配套装备与智能操控技术。

图 9-1　深水网箱鱼类养殖平台

## 二、围栏（网）养殖

养殖围栏是指以柱桩嵌入或整体构架坐落于海床或海底、设施顶部始终在水面以上、柱桩或构架周边装配网衣形成包围水体的一种水产增养殖设施。目前海水养殖围栏主要有依托岛礁建造的岸联式围栏和在离岸海域建造的全围式围栏。

围栏与网箱的最大区别在于围栏没有网底，而网箱是有网底的。因此，围栏除可圈围较大水面外，还可为不同习性的鱼类提供水面到海底的适宜栖息的水层，适宜我国大陆架走势平缓的海域特征和我国特有的多种经济鱼类养殖。

山东莱州明波水产公司在莱州湾离岸 10km 建造的大型管桩围栏“蓝钻一号”，周长 400m，直径 127m，养殖水体达到 16 万 $m^3$，如果按每立方水体养 10kg 鱼计算，这个围栏一个养殖周期就可以养殖 1 600 t 鱼。围栏呈双圆环结构，内、外环由 171 根直径 508mm 的钢桩打入海底，形成整个围栏的主体结构。网衣采用超高分子量聚乙烯材料，整个围栏的顶部设平台，内外走道宽度 1.25m。在环形结构平台上建造了 2 个多功能大平台和 6 个小平台，2 个大平台主要用于生产作业管理房和生活工作休闲房，6 个小平台主要作为休闲垂钓区。围栏上配套设置有能源供给、饲料自动投喂、视频监控、养殖环境监测、渔获起捕等设施装备，可基本实现养殖机械化与自动化操控作业。

围栏尤其是大型工程化养殖围栏，是依据我国特有的海况条件自行设计建造的，国外尚无同类设施可供借鉴。近年来，国内相关科研单位与企业合作，先后在东海区和黄渤海区设计建造大型养殖围栏 10 余个，有力推动了这一新型养殖模式的兴起与发展。针对目前大型围栏设计、建造、使用中存在的问题及技术需求，今后围栏养殖工程技术的研究主要有三个方面，一是围栏主体结构设计与工程安全性评估，二是围栏建造施工与网具装配工艺，三是大型围栏养殖的机械化与智能化操控装备与技术。

## 三、工船养殖

养殖工船是在新建或改建的大型船舶上进行船载舱养殖的一种特种船舶。我国海域广阔、海况复杂、台风频发，海水温差较大，无法有效开展全季节养殖。养殖工船基于可移动特性，开展深远海游弋式生产，不仅可以躲避台风等恶劣天气，提高养殖安全性，还有利于实施“南北接力”等全季节养殖模式，提升规模化养殖产能。“养殖工船”建设被写入 2023 年中央一号文件中，有效推动养殖工船加速实现产业化，全面助推渔业高质量发展。养殖工船荣获了中国和世界多项“第一”，被誉为我国深远海养殖“大国重器”。如“国信 1 号”首创的“船载舱养”海上工业化养殖方式，突破了大型舱室水体交换与流场构建、船舶减震制荡技术与舱室结构、工业化养殖精准投喂与智能管控等关键技术，形成了国际、国内自主知识产权，对推进深远海养殖发展具有重大意义。

由于养殖工船一般都具有自航功能，因此可根据养殖对象对水温、水质等条件的要求选择停泊于环境条件适宜的海区进行养殖生产，且可依据气象预报停泊到无风区躲避台风。此外，养殖工船还具有工厂化养殖属性，就相当于将陆基工厂化养殖搬到船上，这使得工船养殖具有良好的可控性，可进行高密度集约化养殖。但船载舱养殖与陆基工厂化养殖相比，还是有其特殊性，如船只在海洋环境条件下的摇晃影响、发动机的噪声影响、舱室环境的光照影响等。

西班牙、挪威、法国、日本等先后进行过多次大型工船养殖试验，但规模有限未形成主体产业。2022 年 1 月，国内首艘 10 万吨级养殖工船“国信 1 号”顺利下水，该工船总长 249.9m、型宽 45m、型深 21.5m。全船共设有 15 个养殖舱，养殖水体达 9 万 $m^3$，预计年产海水鱼 3 700t。2022 年 5 月 20 日，该船经试航后正式交付使用，目前正在进行大黄鱼养殖。其技术可行性、经济可行性、运维可行性等尚需进一步的验证。

## 四、筏式养殖

筏式养殖是指在浅海水域和潮间带，利用浮子、竹木杆和绳索组成浮动筏架，并用锚泊绳固定于海底，使海藻（如海带、紫菜）和贝类（如扇贝、牡蛎、鲍）等养殖对象幼苗固着在吊绳上或放在吊笼内，悬挂于浮筏上进行养殖的一种生产方式。日本是较早开展筏式养殖的国家，在日本，筏式养殖被广泛应用于牡蛎、大型藻类、贻贝及扇贝的养殖。我国从20世纪50年代海带筏式养殖技术的完善和成熟开始，目前利用筏式工程设施养殖的藻类有海带、龙须菜、麒麟菜、石花菜等，贝类有扇贝、牡蛎、贻贝等，海珍品有鲍、海参、海胆等。据2021年中国渔业年鉴统计，2020年我国筏式海水养殖产量为629.5万t，约占2020年我国海水养殖总产量的29.5%。筏式养殖今后主要有两大发展趋势，一是提升筏式养殖机械化与自动化作业水平，二是向离岸深水海域发展。

# 第三节　陆基循环水养殖

## 一、陆基循环水养殖的概念

陆基循环水养殖是指通过物理（固液分离、泡沫分离、温度调控、气液混合等）、化学（臭氧消毒及氧化、紫外消毒、离子交换、物化吸附等）、生物（各种类型的硝化、反硝化生物过滤器、藻类、大型水生植物等）等处理手段实现养殖废水的净化及重复利用，使养殖对象能在高密度养殖条件下，自始至终地维持最佳生理、生态状态，是一种使养殖对象健康、快速生长，最大限度地提高单位水体产量和质量，且不产生内外环境污染的一种高效养殖模式（图9-2）。

图9-2　陆基循环水养殖系统实例（鱼类）

陆基循环水养殖系统的运行原理是：养殖池水通过池底颗粒物生态捕集器和池外的旋转集污器（物理过滤装置）进行颗粒物第一次固液分离；随后各个养殖池出水汇集，沿着管道进入过滤机（物理过滤装置），通过微滤机（重力沉淀或机械拦截）的拦截作用，将以残饵、粪便、脱落的生物膜等为主要成分的颗粒物从水体中移除；接着水体进入泡沫分离器，通过气浮原理去除胶体状微小颗粒物和溶解性有机物，同时，添加臭氧以达到调节水体氧化还原电位水平、增氧和消毒作用；进入生物滤器（生物过滤装置）后，由微生物的硝化作用去除水体中对鱼类危害极大的氨态氮和亚硝酸盐等；经过脱气装置脱除水体中多余二氧化碳等气体；最后经紫外线消毒、调温、增氧（杀菌消毒装置、控温装置和增氧装置）后回流进入养殖池，实现“一级提水，两次过滤，部分消毒，充分净化”，最终形成养殖水的闭合循环。

## 二、陆基循环水养殖系统构成

陆基工厂化循环水养殖系统主要由水处理系统和保障系统两大部分组成，水处理系统主要由物理过滤装置、生物过滤装置、杀菌消毒装置、增氧装置、控温装置和二氧化碳去除设备等组成。

### （一）水处理系统

#### 1. 物理过滤装置

在水产养殖过程中要不断地进行投饵，不可避免会产生残饵，鱼类代谢就要产生粪便，粪便和残饵等颗粒物的积累会对鱼类及养殖系统造成损害，所以必须对颗粒物进行及时去除，颗粒物的去除需要靠物理过滤，物理过滤装置的种类很多，包括沉淀池、转鼓式微滤机、履带式微滤机、弧形筛、旋流分离器等。

#### 2. 生物过滤装置

鱼类排泄的尿液、残饵、粪便等除产生颗粒物外，还会产生氨态氮等溶解在水中的无机物和有机物，这些物质靠物理过滤无法去除，必须通过生物过滤装置来去除。生物过滤装置的作用是将毒性较大的氨态氮和亚硝酸盐转换成毒性较小的硝酸盐，这个过程称为硝化反应。一般认为硝酸盐的毒性较小，但积累到一定程度也会对鱼类产生危害，去除硝酸盐需要通过反硝化反应将硝酸盐转换成无毒的氮气或氧化氮。

#### 3. 增氧装置

鱼类生长代谢需要消耗氧气，养殖过程中需要对鱼类进行增氧，传统的增氧方式采用的是罗茨鼓风机加气石或增氧管等，对于高密度循环水养殖，养殖密度一般在 20kg/m$^3$ 以上，单靠空气增氧很难满足要求，一般要设置纯氧增氧和空气增氧两套系统。循环水养殖系统中溶解氧一般在 10mg/L 以上，在标准大气状况下，氧在水中的溶解度为 9mg/L，纯氧增氧状态下要使水中的溶解氧达到超饱和状态，必须采取一定的措施或设备，这个设备就是溶氧器，包括氧锥、多级低压溶氧装置等。

#### 4. 杀菌消毒装置

水产养殖过程中不可避免的会产生细菌和病毒，必须配备有杀菌消毒装置，目前循环水养殖的杀菌方式主要是臭氧和紫外线 2 种，紫外线杀菌消毒要注意水的浑浊度，臭氧杀菌消毒要注意臭氧的剂量。

#### 5. 控温装置

温度是鱼类养殖的最重要参数，直接影响鱼类的存活和生长，每个养殖品种都有最佳的生长温度，一般来说冬天需要升温，夏天需要降温，以保持养殖水体温度处于鱼类生长的最佳温度范围。

**6. 二氧化碳去除设备**

水产养殖过程中鱼类的呼吸以及生物滤池中细菌的呼吸都会产生 $CO_2$，$CO_2$ 的积累会影响水体 pH，并对养殖鱼类造成影响，如存活率低、摄食水平差、生长慢、饲料转化率低等。$CO_2$ 的控制主要通过控制水体 pH 和控制水体的气体交换。

### （二）保障系统

保障系统包括饲喂系统、水质监测系统、视频监控系统、预警系统、病害防控系统以及智能化管理系统等，为未来智能化无人化养鱼工厂的实现提供支撑和保障。

## 三、陆基循环水养殖模式发展历程与趋势

### （一）陆基循环水养殖模式发展历程

在欧洲，陆基循环水养殖模式被认为技术可靠、先进、环境友好，最高单产可达 100kg/$m^3$，循环水养殖已普及到虾、贝、藻、软体动物的养殖。欧洲自 1998 年开始实施的“蓝色标签”工程提高了养殖污水排放的标准，进一步推动了陆基循环水养殖模式在欧洲的发展和应用。在丹麦，有超过 10%的虹鳟养殖企业正积极把流水养殖改造为循环水养殖，以达到减少用水量和利用过滤地下水减少病害的目的；在法国，所有的大菱鲆苗种孵化和商品鱼养殖均在封闭式循环水养殖车间进行；在挪威，越来越多的陆基鲑流水养殖改为循环水养殖。在丹麦，Veolia Kruger 公司创新构建了适合大西洋鲑和黄条鰤循环水养殖的 RAS 2020 系统，革新了陆基循环水养殖新模式。

美国将工厂化水产养殖列为“十大最佳投资项目”，在美国利用循环水系统进行商业化养殖的鱼类主要有罗非鱼、条纹鲈、鲟、大西洋和太平洋鲑、虹鳟、真鲷、大比目鱼等。近 5 年，Nordic Aquafarms、Atlantic Sapphire 公司陆续在美国缅因州、加利福尼亚州建立了年产万吨的大西洋鲑陆基循环水养殖系统，预计 2030 年大西洋鲑总产量可占美国市场需求量一半。

我国的循环水养殖模式发展起步于 20 世纪 80 年代，以引入丹麦的鳗循环水养殖系统为标志，进入开拓期；1999—2006 年为探索期，2003 年国产的循环水养殖系统在养殖生产上获得应用；2007—2011 年为整合期，石斑鱼、半滑舌鳎、河豚、大菱鲆、鲍、刺参循环水养殖在生产中成功应用，大菱鲆、大西洋鲑、石斑鱼、扇贝循环水育苗在生产中获得应用；2012 年至今为快速发展期，循环水养殖普遍受到生产企业的关注，我国政府的引导和支持促进了产业的快速发展，反季节生产、全年苗种培育将成为现实，一些典型养殖品种的循环水养殖规范成功建立。

历经 40 年的发展，目前我国工厂化养殖设施设备规模化生产企业 50 余家，循环水养殖关键设施设备已可批量生产，全部实现了国产化，如分离养殖池水颗粒物的池底颗粒物生态捕集器、去除悬浮颗粒物的微滤机、去除有机物的泡沫分离器等，价格仅为国外同等设备的 1/3。同时，我国自主研发创制的包括鱼病档案管理系统、自动数鱼机等养殖新设施设备填补了国内外相应领域的空白。

据不完全统计，目前我国的封闭式循环水养殖面积约有 350 万 $m^2$，有 230 余家养殖企业全部或部分采用封闭式循环水养殖技术，其中养殖占 95%以上，育苗不足 5%，主养的种类有大菱鲆、半滑舌鳎、大黄鱼、黄条鰤、河豚、石斑鱼、加州鲈、墨瑞鳕、鲥，以及对虾、方斑东风螺等 20 余个品种。2020 年中央一号文件对“推进水产绿色健康养殖”

作出重要部署，进一步落实 2019 年经国务院同意、十部委联合印发的《关于加快推进水产养殖业绿色发展的若干意见》有关工作要求，落实新发展理念，加快推进水产养殖业绿色发展，促进产业转型升级。预测未来 5～10 年，陆基循环水养殖模式面积有望突破 500 万 $m^2$，不仅会在养成中大量应用，还会在亲鱼培育、苗种繁育生产中逐渐得到应用。而根据养殖企业的需求、投资总额和养殖品种特征，可分别选择简约型、标准型和精准型循环水系统，促推该养殖模式健康可持续发展。

（二）我国陆基设施养殖发展态势

随着我国科技和经济实力的提升，对优质蛋白质需求的日益增加，从海洋中高效、绿色和可持续地生产水产品已成为最有效利用资源的产业。高效、智能、精准养殖是我国水产养殖业未来绿色发展的重要方向，精准陆基养殖已被认为是未来我国传统水产养殖模式的重要发展方向之一。未来我国陆基设施养殖将呈现以下态势。

1. 专业化、自动化的渔业装备

专业化、自动化的渔业装备是传统渔业向现代化发展的重要保障，未来应加强水产养殖装备研究与应用，构建水产养殖装备技术体系，发挥工程装备的支撑协同作用，开发智能化、自动化的高端养殖装备、养殖辅助设施设备，进一步促推水产养殖业呈现设施大型化、装备现代化、生产高效化、效益最大化的发展局面。

2. 智能化水平

突破水产养殖物联网、智能控制、大数据技术、机器人与智能装备的研究与研制，与基于养殖生物特性的循环水养殖系统相整合，构建陆基工厂化无人智能渔场。

## 附：本章线上课程教学负责人万荣简介

万荣，历任中国海洋大学水产学院渔业系主任、学校师资管理办公室主任、人事处副处长、人事处处长、党委委员，上海海洋大学国家远洋渔业工程技术研究中心主任。2019年4月，任上海海洋大学副校长，党委委员、常委。2021年3月，任中共上海海洋大学委员会副书记、上海海洋大学校长。兼任中国海洋大学教授，农业农村部捕捞渔具专家委员会委员、中国水产学会第十届理事会水产捕捞分会副主任委员、中国海洋工程咨询协会海洋教育培训分会副会长等。上海市第十五届、第十六届人民代表大会代表，上海市第十六届人民代表大会农业与农村委员会副主任委员。上海市第十六届人民代表大会常务委员会委员 。

主要从事渔具理论与设计、渔业工程水动力学等教学和科研工作；先后主持国家和省部级等项目40余项，发表学术论文近100篇，国家发明专利等知识产权近20项，获省部级等科技奖励2项。

# 第十章 CHAPTER 10 水族与休闲渔业

随着我国对外开放步伐的加快，人们的物质文化水平有了明显的提高，水生观赏动物的饲养已经悄悄融入许多人的生活中，人们从中得到了美的享受，既修养身心，也陶冶情操。目前，观赏鱼养殖规模越来越大，各地区利用各自的优势发展养殖、开展贸易，使观赏鱼养殖成为渔业经济发展新的增长点。

## 第一节　水族景观规划与设计

当今社会，飞速发展，城市成了一个个高耸林立的钢筋水泥森林，到处可见高楼大厦、流光溢彩，而难得一见的是水系潺潺、丛林异草。生活节奏如此之快，人们难得亲近自然。水族景观，将大自然的一个角落搬到水族缸里，是水下的微缩园林，把自然的气息带到人们身边，让人们足不出户享受着大自然带来的一方静谧。水族景观是现代环境保护意识的一种生动体现和传播方式，具有其他装饰方式不能替代的生动效果。水族景观已经成为一种文化、一种时尚、一种品位、一种高品质的生活情调。

水族景观根据其涉及的内容可以分为广义和狭义。广义的水族景观指的是一切涉水的景观，而狭义的水族景观指的是以玻璃或亚克力等透明材料为载体，向人们展示自然界一角的景观，包括水下原生景观和陆地景观，常见的有水草水族景观、水下原生景观、山水陆地景观、热带雨林景观等。所以说，水族景观就是将原本存在于自然界里的生态系统和自然界的风景截取出来，然后在水族缸里再现。水族景观设计的源泉来自大自然的博大与无限的魄力，造景师将自身对自然的感动化为行动的力量，通过精细地构图，运用一系列的素材，将自然界的一角复制在水族缸里。水族景观的观赏性非常重要，但更重要的是如何构建一个微型的生态系统、如何维持该系统内生命的平衡，这才是让大家产生共鸣的最根本、最纯粹的部分。只有在平衡的生态系统中，鱼、植物、石头、木头、眼睛看不见的微生物，甚至是观赏者自身，才仿佛融合在一起，都是大自然的一部分。在这个微型生态系统中，包含了动植物的繁衍、自然生态系统中物质流和能量流的循环，因此可以用4个词语来概括这门融汇自然生态的活的艺术：创意凝聚、美学享受、技巧风格和时间演绎。

水族景观设计最开始为一门悠闲的活动，逐步演化成为专业的活动，渐渐渗透了更多艺术的元素，最开始由很多充满热情的玩家参与，到现在发展成为行业内一门如火如荼的朝阳职业，这一历程在中国也不过20多年。造景师们不断努力创作、维护以完成自己喜爱的作品，用石头、木头、植物和鱼等素材勾画出自己心中完美的景致。水族景观设计的特点就是把美学、艺术设计、动植物种养、疾病防控、养殖水环境控制和水族摄影等多学科交叉，有机融合在一起。

水族缸里典型的生物为鱼类、无脊椎动物、两栖动物、海洋哺乳动物或爬行动物以及适应水中生长的植物或喜湿植物等。现代科技的飞速发展，支撑着水族景观的蓬勃发展，随着水族缸缸体材料和配套设备的革新、观赏面的拓展、水族造景技术的进步以及各类水族动植物饲养技术的提升，目前可在水族缸里饲养的动植物种类越来越多。根据水族缸内饲养的主要生物不同，大致可以将水族缸分为以水草造景为典型风格的淡水全水景缸，以展示水陆交界地生物为主的水陆缸（又称半水景缸），以养殖热带雨林生物为主的雨林缸，以养殖某类原生鱼或较大型观赏鱼为主的原生态水景缸，以展示海洋珊瑚、海洋鱼类为主的海水缸等。这些水族景观层次丰富、立体感强，使得单调的鱼缸华丽变身为一幅幅栩栩如生的活画卷，一个个生机勃勃的微型生态系统。

水族景观常用于家居和商业场所两类环境中，在每类环境中所起到的意义各不相同。在家居氛围中，人们喜欢把水族景观摆放在客厅、书房里，也用作玄关、隔断和家居背景放置，更多的是为了装饰家居环境、彰显主人性情。除了陶冶性情、美化居室外，水族景观扩大了家庭生物圈成员，有益于身心健康，改善了室内空气质量，有利于寓教于乐、开发儿童智力，有利于提高精神享受，促进了文化消费。家庭饲养水族生物还具有不吵闹、不扰民、不污染环境、不传染人畜共患疾病、安全性高等明显优点。时至今日，水族景观已不再限于家居环境中，越来越多地走进了商业氛围，有了更为广阔的应用空间。当我们漫步在各地的商业中心如公园、宾馆、饭店、机场时，不时会发现有造型独特的水族景观映入眼帘。水族景观在商业宣传上的应用，无疑是商家招揽顾客的有效手段之一，不仅能让顾客驻足于店内观赏，主动给商家增加客流，优秀的造景师还会在水族景观中融入商家的企业文化，赋予水族景观更多的应用价值。现在，一些公司、办公室也开始流行放置水族景观，尤其是以从事水产、观赏鱼、水族器材、房地产、文案工作为主要业务的公司居多，办公环境中的水族景观，多放置在公司门口、大型会议室或个人的办公室等地，通过这种形式对公司的客户和员工，渗透公司的企业文化和行事理念，同时也美化了办公环境，缓解员工的工作压力，增加了和客户交谈的话题，促进主客双方的感情交流，利于谈判或合作的成功。水族景观可以辐射的范围很广，不仅可以在中小学生物类的实践动手项目中促进孩子们对水族生物的兴趣，还可以在疗养院、私人医院、装修行业、高档休闲娱乐餐饮等场所作为提升品质，营造舒缓、治愈环境的绝佳装饰。

尽管水族景观具有上述种种优点，但目前因其售价相对较高，还处于奢侈品的消费端。同时，水族景观行业还存在诸多限制行业发展的痛点和难点问题，比如，缺乏行业标准，导致行业内景观产品报价乱象丛生；维护跟不上，客户对水族缸中的动植物养殖缺乏科学的认知，水族缸内易大量暴发藻类，客户购买水族景观后最多1年就弃之不用，使得水族景观等同于养鱼缸，弃之可惜，用之为难；智能化程度低，无法大范围普及和推广。

随着全球经济一体化的进程，我国经济步入了一个高速发展时期，中国水族事业也随之进入到快速发展的阶段。水族景观的发展程度取决于行业对产品研发、推广的深度和力度，取决于该行业活动组织、消费培育的高度和广度。水族景观发展的外部环境越来越有利，如水族器材生产行业的发展进步，功能与价格等多方面都更加多元化；高校专业人才的培育、网络视频的兴起，水族景观知识获取和经验交流渠道变得畅通、及时。

# 第二节 水族生物种类与鉴赏

## 一、淡水水族

### （一）金鱼和锦鲤

**1. 金鱼**

金鱼是观赏鱼类的主要品种，以色彩艳丽、体态端庄、游姿典雅而闻名，是公园、庭院和室内水族缸的主要水族品种之一，在国内外市场很受欢迎，特别是中国金鱼在国际市场上声誉颇高。我国是金鱼的发源地，是世界上最早开始养殖金鱼的国家，后传入世界各地。金鱼由野生鲫经长期自然突变与人工选择、杂交等因素演化而来，至今已有近300个品种。按照传统分类通常把金鱼分为草种、文种、龙种和蛋种四类。

草种金鱼也称为金鲫种，代表品种为草金鱼，体形近似鲫，具背鳍，尾鳍叉形，单叶，头扁尖，眼睛小。为金鱼原始种类，是目前大面积观赏水体中的主要养殖品种。

文种金鱼是由草金鱼经过家化驯养和不断地选种改良后演化而来的，体型短圆、头嘴尖、腹圆，眼小而平直、不凸于眼眶外；有背鳍，并长有四开大尾鳍，因俯视鱼体似“文”字故得名“文种”。体色多为红、红黑、红白、蓝、紫及五色花斑等。文种金鱼品种繁多，名贵品种有鹤顶红、朱顶紫罗袍、狮子头等。其演化品种有和金金鱼、琉金金鱼等。

龙种金鱼一直被视为“正宗”的中国金鱼，它因有一双特大的眼睛而闻名。龙种金鱼头平而宽，体型粗短，有背鳍，臀鳍、尾鳍发达并呈双叶状，外形与文种金鱼相似，不同处为眼球凸于眼眶外，眼球形状各异，有球形、梨形、圆筒形及葡萄形。较名贵品种有五彩龙睛、算盘珠墨龙睛、龙睛带球、玛瑙眼龙睛、五彩大蝶尾等，以玻璃眼龙睛、扯旗朝天龙水泡等最名贵，是龙种金鱼中的特优品。

蛋种金鱼与文种金鱼相似，因体型短圆、形似鸭蛋而得名。臀鳍、尾鳍呈双叶状，没有背鳍。尾鳍有长尾和短尾两种类型，短尾者称“蛋”，长尾者称“丹凤”，其他各鳍均短小。较名贵的品种有猫狮头、寿星头、五花虎头、黑虎头、红头虎头、黑水泡、朱砂泡水泡等，尤以寿星头、五花虎头、黑虎头、红头虎头声誉最佳。

金鱼市场最为火热的是中国兰寿（国寿），与泰寿、日寿并称“世界三大好寿”。福州市是精品国寿的主要产区，精品国寿要求头瘤发达，梳子背（宽背），中长身、中小尾，十分适合家庭水族缸养殖。泰寿即泰国兰寿，属蛋种金鱼，其特点是弯刀型的背部及凸出的吻瘤，十分适合侧面观赏，俯视次之，适合水族缸养殖。日寿即日本兰寿，特色是头部肉瘤发达，游资稳健，适合俯视观赏，侧面观赏次之，故日寿又称“俯视兰寿”，适合养殖在水槽、水池等方形俯视欣赏为主的器皿中。

金鱼养殖主要集中在亚洲，国内除西藏以外的省份均有金鱼养殖场或观赏鱼交易市场。国内金鱼以福州市、京津地区、苏杭地区、广州市四大产区为主。

**2. 锦鲤**

锦鲤为大型观赏鱼类，因其艳丽晶莹的体色、潇洒优美的游姿、华丽俊俏的斑纹、雄健英武的风度而得名。锦鲤被视为和平和友谊的象征，它不仅给人以美的享受，还寓意吉祥欢乐、繁荣幸福，深受人们的喜爱。锦鲤是鲤的一个变异杂交品种，是由于养殖环境变化引起体色突变，通过近300年的人工选育和杂交培育出来的。锦鲤是从日本发展和兴盛起来的，经过日本养殖者多年的培育与筛选，锦鲤发展到了全盛时期，成为日本的国鱼，并被作为“亲善使者”随着外交往来和民间交流，扩展到世界各地。锦鲤养殖业在我国的兴起已有几十年。目前，锦鲤在国内已形成了一定生产能力，普通锦鲤的年生产力可达数千万尾。

根据色彩、斑纹和鳞片的变异情况，日本“爱鳞会”将锦鲤分成13大类。

①红白锦鲤。鱼体的白色底色上有红色花纹者称为红白锦鲤，是锦鲤的代表品种，与大正三色锦鲤和昭和三色锦鲤一起被称为“御三家”，在日本被认为是锦鲤的正宗。

②大正三色锦鲤。鱼体的白色底色上有红色和黑色斑纹者称为大正三色锦鲤。

③昭和三色锦鲤。鱼体的黑色底色上有红、白花纹点缀，胸鳍基部有圆形黑斑者称为昭和三色锦鲤，又称元黑。

④写鲤。体色是以黑色为基底，上面有三角形的白斑纹或黄斑纹或红斑纹，如同大块的墨色写画在上面，则称为写鲤。

⑤别光锦鲤。别光锦鲤是指在洁白、绯红、金黄的不同底色上呈现出黑斑的锦鲤。

⑥浅黄锦鲤。浅黄锦锂的背部呈深蓝色或浅蓝色，鳞片的外缘呈白色，左右颊颚、腹部和各鳍基部呈红色。

⑦衣锦鲤。衣锦鲤是红白锦鲤与浅黄锦鲤杂交的后代。所谓衣，是指在原色彩上再套上一层好像外衣的色彩。

⑧黄金锦鲤。黄金锦鲤在狭义上是指体色呈金黄色的锦鲤，但一般也把以黄金作为基本品种杂交培育而成的白金、白黄金、金松叶等全身具有闪亮金属光泽的锦鲤统称为黄金锦鲤。

⑨光写锦鲤。光写锦鲤为写鲤与黄金锦鲤交配产生的品种。

⑩花纹皮光鲤。凡是无鳞鲤并形成两色以上花纹的，均称为花纹皮光鲤（写鲤除外)，是杂交品种。

⑪金、银鳞锦鲤。金、银鳞锦鲤是通过不断地杂交得来的。鱼体全身有金色或银色鳞片，闪闪发光，如果鳞片在红色斑纹上，呈金色光泽，称为金鳞锦鲤；鳞片在白色底色或黑色底色上，呈银色光泽，称为银鳞锦鲤。

⑫丹顶锦鲤。头部具有一块鲜艳的圆形红斑，酷似白鹤头顶上的红冠，身无红斑者，称为丹顶锦鲤。如有口红线或头部红斑延伸至肩部者，均不能称为丹顶锦鲤。

⑬变种鲤。以上12种以外其他品种都归属为变种鲤。变种鲤大多色彩古朴。

锦鲤的鉴赏和选择有新旧两种标准，都采用100分制，但包含的内容不同。旧标准中姿态50分、色彩30分、花纹20分。新标准中姿态30分、色彩20分、花纹20分、素质10分、品位10分、风格10分。

### （二）淡水热带观赏鱼

淡水热带观赏鱼指淡水中具有观赏价值和养殖价值的鱼类，常见种类多产自热带或亚热带。这类观赏鱼一般体色都很艳丽，体型奇异且繁殖方式奇特，很受人们的欢迎。目前，能在水族缸中饲养的淡水热带观赏鱼约有数百种，主要分属于7个科，即鳉科、鲤科、脂鲤科、慈鲷科、攀鲈科、鲶科以及骨舌鱼科。它们主要分布在南美洲、非洲、中美洲、北美洲南部以及东南亚等地区。

1. 鳉科热带鱼

鳉科热带鱼的大多数种类是卵胎生。卵胎生指卵子在体内受精，受精卵在母体内发育完全后，以仔鱼形式从母体中降生，胚胎发育的营养源为卵黄囊内的卵黄，完全不吸收母体的营养。鳉科热带观赏鱼主要分布在南美洲及北美洲南部，大多色彩鲜艳、五彩缤纷。雌鱼经过受精后，在靠近臀鳍处会出现黑色“胎斑”，后经7～10d，仔鱼便可降生。雌鱼的臀鳍呈扇圆形，有卵囊，雌鱼分批产生仔鱼；雄鱼的臀鳍特化为交接器，因种类不同，略有差异。

2. 鲤科热带鱼

鲤科热带鱼多产于东南亚一带。繁殖较容易，要求水体中性或略偏碱性。大多卵为黏性卵，产卵时间多为黄昏或黎明。亲鱼产卵后无护卵习性。

3. 脂鲤科热带鱼

脂鲤科热带鱼会“发光”，俗称灯类热带鱼，实际上是背部鳞片透光率特别高的缘故，光线可以经背部入射，而从鱼体的腹部和两侧射出。品种最多，约1 200种，主要分布于非洲、南美洲、中美洲与北美洲。从分类上讲，这类鱼有2个共同的特点：第二背鳍为脂鳍，下颌有牙齿。体形以中小型居多，比较适合饲养在小型水族缸内。有群生习性，故饲养在同一水族缸时应减少鱼的种类，增加同一种类的尾数。喜欢弱酸性水质，喜欢水草环境，应配以适宜的光照。

4. 鲇科热带鱼

鲇科热带鱼分布较广，种类1 000种以上，具有观赏价值的种类主要分布在热带地区，特别是南美洲亚马孙河流域。体格健壮、性情温和、容易饲养，寿命也较长，可活10年以上。在水族缸内喜欢用特化得像吸盘一样的吻舔食玻璃、水草表面的青苔及沉积在水族缸底部的残饵及其他鱼类的粪便。因此，人们也称之为清道夫。在人工养殖条件下，鲇科鱼类繁殖比较困难。

5. 攀鲈科热带鱼

攀鲈科热带鱼主产于东南亚及非洲，大约有38种，最具代表性的种类是斗鱼（暹罗斗鱼）。繁殖方式为吐泡营巢，即将卵产在浮在水面的泡沫巢中，直到稚鱼孵化出膜后的一段时间内，稚鱼仍“吊挂”在泡沫巢上，鱼体发育长大才慢慢离开，自由活动。稚鱼的开口饵料以轮虫或细微颗粒蛋黄为佳。雌雄鱼鉴别容易，雄鱼体色艳美，鳍较雌鱼长。4对鳃中的一对上部变成迷路器官——褶鳃，可以直接吸取空气中的氧气，当离开水时，能在空气中存活较长时间。对饲养的水质及饲料不苛刻，饲养较容易。除几种斗鱼外，其余的鱼并不好斗，能与其他种类混养。

6. 慈鲷科热带鱼

慈鲷科热带鱼自然分布于美洲、非洲和亚洲的部分地区。色彩丰富、品种繁多，目前所知的超过1 000种。既有体长超过1m的大型慈鲷，又有小至4cm的卷贝鱼类。

具有两大特点：头部两侧各有1个鼻孔；侧线分为2条，背侧线起始于头部，在体侧中央一度中断，腹侧线由上述中断的侧线下方一直延至尾部。

非洲慈鲷主要集中在东非三大湖，即马拉维湖（pH 7.7～8.6）、坦干伊喀湖（pH 8.6～9.2）、维多利亚湖（pH 7.1～9.0）。马拉维湖的慈鲷超过800种，约300种被鱼类学者确认和命名，其中以单色鲷属为多。坦干伊喀湖位于东非大地沟中，是世界上最老和第二深的湖泊，慈鲷占湖中300多种鱼类的2/3。维多利亚湖的慈鲷体色多以黄、蓝、红三色搭配为主，目前仅存200多种，是数量最多时的15%，有特有品种40～50种。美洲慈鲷主要分布于中、南美洲，特别是南美洲的亚马孙河（pH 6.0～7.5），如七彩神仙鱼等。亚洲慈鲷只在印度半岛产有1属3种。

慈鲷科热带鱼有两种繁殖类型，第一种是口孵，受精卵在口内孵化，待仔鱼孵出后，吐出仔鱼，如遇危急情况，亲鱼会将仔鱼再次吞入口中，等到危险过后，再吐出仔鱼；第二种是雌鱼在光滑的石块或宽叶水草上一排排产卵，雄鱼紧接着排精，使卵受精，产卵后，雌雄鱼在受精卵旁轮流护卵。

#### 7. 骨舌鱼科热带鱼

骨舌鱼科鱼类是从远古时代遗留下来的，其中龙鱼有1亿年的历史。主要分布在东南亚、南美洲、非洲、澳洲等。在水族缸中常见的种类主要产于亚洲和南美洲。自然界中最大个体可达90cm，体重7kg，寿命最大可达90多年。

龙鱼全身闪烁着青银色光芒，鳞片特大，当受到光线的照射时，反射出粉红色的光辉，各鳍呈粉红或橙红的色彩。

龙鱼身体强健，易饲养。不管银龙鱼还是金龙鱼，在弱酸性乃至中性水质中都能生活良好。在20～30℃水温中龙鱼都可存活，以25～28℃较好。龙鱼有跃出水面的习性，所以水族缸饲养时要加盖。龙鱼记忆力很强，对人极为友善。长期饲养的龙鱼，对主人非常亲昵。龙鱼生性胆怯，不可用手击缸，以防龙鱼在惊慌中乱撞折须。龙鱼捕食凶猛，杂食性，喜食各种昆虫、小鱼、小虾、青蛙、冷冻饵、肉块、内脏等，尤其喜食蟑螂。

#### 8. 其他淡水热带鱼

常见的其他淡水热带鱼种类有玻璃拉拉、射水鱼、美人系列、七星刀、恐龙鱼、淡水魟、泰国虎鱼、雷龙等，以及一些转基因淡水热带鱼，包括转荧光基因的青鳉、转基因斑马鱼、转基因天使鱼等。

## 二、海水水族

### （一）海水水族产业的发展前景与亟待解决的问题

观赏渔业属休闲渔业范畴。发展观赏渔业对渔业调结构、升层次，开发新的养殖品种具有积极意义。目前，淡水水族产业依然占据主导地位（80%以上），但海水水族产业增速可观。

海水水族生物种类繁多，主要包括海水观赏鱼、虾、珊瑚、水母和少数贝类等生物，这些生物姿态万千，色彩艳丽，广受水族市场欢迎。淡水水族生物99%以上都是人工繁育品种，海水则以野生捕捞为主，人工繁育不足5%。绝大多数海水水族生物来自珊瑚礁海域，因环境的恶化使得资源不断减少。另外，珊瑚礁海域目标生物的捕捞多采用氰化物毒鱼或炸鱼等破坏性捕捞方式，且多为选择性采捕，对栖息环境和生物多样性破坏性极大。观赏海洋生物产地主要在印尼、菲律宾、加勒比海和东非等，市场则主要在欧美和亚洲。捕捞、包装、运输和暂养过程的高死亡率（70%）也是造成海水水族高价格的主要原因。因此要在保护环境的前提下发展海水水族产业，人工繁育是唯一的出路。众所周知，珊瑚礁是高生态位的生境，生物密度很高。因此，发展海水水族养殖，属低水土资源依赖（绿色）、高附加值、高科技和特色休闲范畴。同时，人工繁育的生物习惯与人亲近，更适应养殖环境，对人工饵料更加适应，可保证年轻体壮、无捕捞和运输胁迫。因此在海水水族市场，人工繁育种类的价格常常高于野生捕捞种类的价格。

（二）观赏海洋生物人工繁育

1. 海水观赏鱼

按繁殖方式不同，海水观赏鱼一般分为产沉性卵的鱼和产浮性卵的鱼。产沉性卵的鱼的有产黏性卵的小丑鱼，口孵的天竺鲷科的泗水玫瑰和红眼玫瑰等，产沉性卵的鱼一般有护幼行为，胚胎发育时间长，仔鱼孵化后消化器官比较完善，产卵量少，存活率高。产浮性卵的鱼包括著名的海水观赏鱼三大种类：神仙鱼、蝴蝶鱼和刺尾鱼（倒吊类），无护幼行为，产卵多，卵小，含油球，初孵仔鱼小，需要合适的开口饵料，有的种类如海水神仙鱼幼鱼的浮游阶段长（40d 甚至更长），死亡率高，其人工繁育属世界难题。进行人工繁育时需要了解目标种类的性别决定机制，发育生物学特征尤其是繁殖生物学基础特征，包括产卵条件、水流、水温、光照和鱼巢等。

2. 海水观赏虾

海水观赏虾色彩艳丽，花纹图案多样，体型奇特（小丑虾），能与其他珊瑚礁生物友好共处，清洁虾（或医生虾）还可以清除鱼类等其他生物身上的寄生虫，有的种类能够清除珊瑚缸中的污损生物，因而广受水族市场欢迎。

对大多数海水观赏虾的种类来说，其繁殖生物学和幼虫发育过程都未知，即使是最重要的贸易种类，幼虫发育要经历多少期都尚未明确。虽然部分种类可在养殖环境中抱卵甚至孵化，但成功的案例不多，尚没有商品化繁育的案例。主要技术瓶颈在于超长的幼虫发育周期（清洁虾的浮游幼虫阶段长至 120～140d，南美白对虾的浮游阶段只需要 10～12d）。超长的浮游阶段对养殖环境和营养供应要求很高，早期幼虫阶段死亡率高，后期仔虾阶段蜕皮死亡率和种内自相残杀也是需要解决的重点问题。人工繁育时首先需要了解不同种类海水观赏虾的性别决定机制，性腺发育以及产卵条件，幼虫发育过程以及营养需求等。

清洁虾、火焰虾和薄荷虾等鞭藻虾属的种类具有与众不同的性别系统，其同时具有雌雄性腺，性成熟的虾首先成为雄性，之后的生命周期中均为雌雄同体，但不能自体交配受精也不会变回雄性。上述性别特征使得该属种类的配对比较容易，只要有两只以上的成虾即可完成配对抱卵。此外，同样数量的亲虾，雌雄同体种类获得的幼体数量较多。

小丑虾为雌雄异体，雄性个体体型较小，与鞭藻虾类似，小丑虾也为抱卵繁殖种类，其独特之处在于只以某些种类的海星如多孔指海星为食。一般情况下，有特殊摄食习性的种类往往因为饵料供应问题而难以在水族市场流行，小丑虾却是一个例外。目前已可在实验室成功繁育小丑虾并可商品化批量生产，存活率在 50%以上。

3. 观赏水母

绝大多数水母属刺细胞动物门、钵水母纲，生活史包括固着生活的水螅体世代和浮游生活的水母体世代。具有观赏价值和造成水母暴发的都是水母体世代。多年以来，人们只看到水母体世代的水母，不了解水螅体世代，随着海洋馆业对水母的偏爱（图 10-1），带动了水母繁育相关研究。水母作为一种古老（在地球上已存在了 5 亿年）而神奇的生命形式（99%以上的身体成分是水），有许多秘密值得探索。

图 10-1　观赏水母形态

## • 知识卡片

### 观赏海洋生物简介——水母

**（一）水母简介**

狭义的水母特指的仅仅是刺胞动物门下钵水母纲和水螅虫总纲的生物，顾名思义，在这些生物上都具有特殊的刺细胞，用以防卫和捕食，当然少数特化品种的刺细胞会因生境等问题而退化。我们日常所熟知的海蜇和海月水母，都是隶属于钵水母纲中的较为大型的水母，它们普遍拥有蘑菇或者盘子一样的肥厚伞盖，有粗壮的或者丝带一样细长而飘逸的触手，从外观来看大而艳丽，十分吸引人的注意。而水螅虫总纲的水母给人的第一印象就是“小而精”，它们有着几乎完全透明的伞体，触手细小如线，个体相对于钵水母普遍要小很多，在日常生活中，钵水母可能并不常见，但水螅水母就生活在我们触手可及的海水里，只是由于太过透明，较难发现。

广义的水母是在狭义水母的基础上，加上栉水母、某些海樽或海鞘等类水母生物。它们同水母一样营浮游生活，也具有或透明或艳丽的躯体，但从生物学的分类角度来看，它们是不属于刺细胞动物门的，至今仍有许多该类物种的分类地位存在争议，需要进一步的研究。

**（二）水母世代交替的生活史模式**

世代交替在动物学中的解释是在一种生物的生活史中，有性世代和无性世代规律地交替出现的现象。从这个解释来看，水母就是典型的世代交替的动物。我们所熟知的水母，其实是水母的有性世代个体。两只水母之间通过释放雌雄配子产生受精卵来繁育后代，受精卵在海水中发育成浮浪幼虫，在找到合适的附着基之后就会转变成水母的无性世代个体，也就是在水螅虫总纲中称为水螅体、在钵水母纲中称为螅状体的个体。不论是水螅体还是螅状体，它们作为无性生殖世代个体，可以通过出芽、横列等多种方式进行自我复制，产生新的个体，哪怕只有一只水螅体，只要条件合适，很快就会繁殖出很多它的同类。此外，水螅体时期的抗逆性非常强，能够适应盐度、温度的急剧变化，甚至是食物短缺的情况。在外界环境不利于水母体生活的时候，它们会以水螅体的模式扎根在水底，等到条件适合的时候，水螅体才会分裂出碟状体或水母幼体，并将它们释放入大海，进行自由的有性世代生活。当然，有些研究也描述过，部分水母，比如海月水母，会在一定的时间集体出现在海面上，很可能就是为了集群交配。除此之外，有些水螅水母也有十分有趣且独特的繁殖方式，尽管它们也拥有水螅体时期，但它们的水母体时期也可以进行无性生殖，如嵊山秀氏水母是一种可以将自己分裂成许多小水母来进行无性生殖的水母，而另一种八斑唇腕水母，则会在自己的垂管上生出一种叫作水母芽的结构，这些小芽成熟后脱落到水中，便是一只新的水母体。通过这些无性生殖，这些水母可以在条件适宜的情况下，短时间数量呈暴发式增长。

有许多水螅体必须有特定的环境才能够生存。比如在真瘤水母属中，它们的水螅体必须共生在双壳贝类的外套膜上才能够分裂、繁殖，而据一些国外的资料来看，甚至会有寄生在鱼类体内的水螅体。除了这种共生或寄生，很多水螅体还被发现在附着于贝壳表面，甚至是甲壳类的甲壳上，如四齿矶蟹等需要海藻来伪装自己的小型甲壳类，甚至会将水螅体“种在”自己的背甲上，并修剪整理，让这些水螅体成为自己的天然伪装。

## 第三节 休闲渔业

### 一、休闲渔业的概念与发展

#### 1. 休闲渔业概述

休闲渔业起源于 20 世纪 60 年代，在加勒比海地区兴起了以游钓业为主体的休闲运动。20 世纪 70～80 年代，一些社会经济发达与渔业资源丰富的国家和地区，如美国、加拿大、日本、欧洲等开始盛行休闲渔业。

目前，一些发展中国家和新兴经济体对休闲渔业的兴趣也日益增加，如中国、印度、巴西、阿根廷等，这些国家结合本国或地区的渔业资源、自然环境资源等优势，创造性地发展了各种形式的休闲渔业项目，为渔业经济发展开拓了新领域，较好地实现了渔业转型发展和一、二、三产业融合，休闲渔业正在成为渔业经济的又一重点发展领域。

休闲渔业是利用各种形式的渔业资源（渔村资源、渔业生产资源、渔具渔法、渔业产品、渔业自然生物、渔业自然环境及人文资源等），通过资源优化配置，将渔业与娱乐、观赏、旅游、生态建设、文化传承、科学普及以及餐饮等有机结合，向社会提供满足人们休闲需求的产品和服务，实现一、二、三产业融合的一种新型渔业产业形态。休闲渔业活动自古有之，但作为我国现代渔业的一种产业形态，从无到有、从小到大也仅经历了30年左右的时间。休闲渔业是渔业转型升级的重要推手，也是促进渔民转产转业、渔业增效增收的重要途径，是实现“渔村振兴”的重要举措，具有巨大的市场前景和良好的发展机遇。

**2. 我国休闲渔业发展概况**

我国拥有6 500多个岛屿，大陆与岛屿岸线蜿蜒曲折，形成了许多优良的港湾与渔场，海洋与内陆渔业资源丰富多样。同时具有辽阔的淡水水域与淡水生物资源，为休闲渔业发展创造了良好自然条件。我国是传统的休闲渔业国家，垂钓与观赏鱼等休闲渔业自古有之，农耕之前，先有渔猎。随着现代经济的飞速发展，人民生活水平的不断提高，消费结构升级，人们越来越多地希望回归自然、放松身心、分享乡土风情、体验异质文化。为顺应城乡居民日益增长的休闲需求，同时也出于渔业转变发展方式，调整产业结构的自身需求，我国休闲渔业逐渐发展壮大。

**3. 我国休闲渔业的发展阶段**

20世纪80年代末至今，我国休闲渔业发展经历30多年历程，可分为4个阶段（图10－2）。

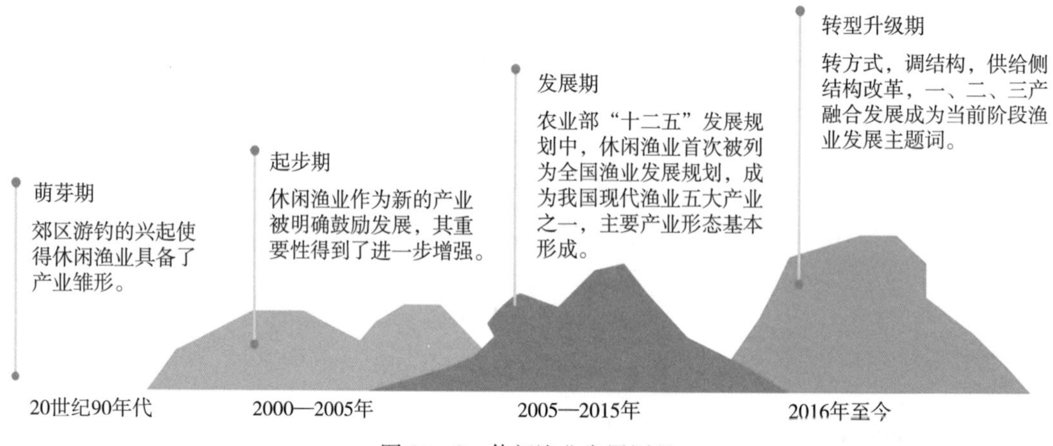

图10－2　休闲渔业发展历程

①萌芽期。20世纪70～80年代，随着海洋资源衰退与过度捕捞，海洋渔业生产效益日益下降。为寻找新的增长点，一些发达国家和地区开始鼓励和引导渔民走多元化经营之路，发展休闲渔业。20世纪80年代末，我国乡村旅游业兴起，开始与渔业结合，20世纪90年代，郊区游钓的兴起使得休闲渔业具备了产业雏形，进入了休闲渔业的萌芽期。农业部“九五”期间的渔业发展计划，提出将休闲渔业作为产业结构调整的主要方向。

②起步期。2000—2005年为休闲渔业的起步期，这期间明确提出了发展休闲渔业目标。2003年在渔业统计年鉴中增加了休闲渔业指标体系，当年休闲渔业产值超过50亿元人民币。这一时期，休闲渔业作为新的产业被明确鼓励发展，其重要性得到了进一步增强。

③发展期。2005—2015年为休闲渔业的发展期，2011年农业部“十二五”发展规划中，休闲渔业首次被列为全国渔业发展规划，成为我国现代渔业五大产业之一。休闲渔业产值超过430亿元人民币，主要产业形态基本形成。

④转型升级期。自2016年进入国家“十三五”以来，我国经济社会和农业农村发展形势发生重大变化，渔业发展也到了转型升级阶段，转方式，调结构，供给侧结构改革，一、二、三产融合发展成为当前阶段渔业发展主题词。休闲渔业作为满足广大人民群众日益增长的文化休闲需求、顺应渔业发展方向、培育新的消费热点和新的经济增长点的新型产业，受到前所未有的重视。

## 二、我国休闲渔业发展的主要形式与对策

### 1. 休闲渔业的类型

我国休闲渔业发展很快，所包含的休闲内容丰富、名目繁多。根据活动目的，可以分为6种类型。

①休闲垂钓。休闲垂钓指以干钓、海钓为主的渔业相关休闲与竞技运动。

②渔事体验。渔事体验包括出海捕鱼、赶海、渔猎等。

③美食购物。美食购物包括海鲜排档、水上餐厅、游船餐饮、鱼贝制品购置等。

④观赏游览。观赏游览包括水上观光、水下观光、观赏水生动物栖息地、饲养与观赏水族等。

⑤科普教育。科普教育包括渔业博览、观赏鱼大赛、水产养殖繁育展览、渔业文化与工艺品展览、鱼拓、鱼类标本模型制作等。

⑥渔业文化节庆。渔业文化节庆包括开渔节、渔民节、冬捕节等。

休闲渔业的形式往往是上述几种模式的组合。具有一定规模的休闲渔业经营形式可以分为休闲渔庄、休闲渔村、休闲海洋牧场等。

### 2. 休闲渔业发展对策

①抓住机遇，统筹谋划。东部地区要结合现代渔村、人工鱼礁建设和滨海旅游开发，展示丰富多彩的海洋文化和海洋景观。中西部地区要依靠江、湖、河、库等资源，打造各具特色的休闲渔业项目。大中城市周边要以现有水产养殖场所为基础，发展垂钓、观赏、娱乐、餐饮、住宿等功能齐全的休闲渔业基地。结合地域优势和传统特色，积极引导观赏渔业发展，规划建设一批现代化的观赏鱼、水族装备生产基地和批发市场。积极推进一、二、三产融合发展，推进渔业与文化、科技、生态、旅游、扶贫、科普、资讯的深度融合，进而推出新的经济增长点和消费热点，形成休闲渔业吃、住、行、游、教、购的综合发展格局。积极发展多种休闲业态，引导带动钓具、水族器材、饵料饲料等相关配套产业发展。

②生态优先，绿色发展。重视渔业生态保护，坚持人与自然和谐共生。牢固树立和践行“绿水青山就是金山银山”的发展理念，落实节约优先、保护优先、自然恢复为主的发展方针，统筹山水林田湖草系统治理，严守生态保护红线，以绿色发展引领渔区休闲渔业发展。鼓励生态类休闲渔业发展，加快掌握野生类观赏水族人工繁育技术，在沿海地区推进人工鱼礁和海洋牧场建设。积极与国际接轨，研究实施游钓准入制度，对游钓船使用情况和游钓主要品种与产量进行登记管理。合理安排休闲渔业活动进行的时间和地点，并加强对开展休闲渔业地区的环境监测和保护工作，建立严格的奖惩制度。

③深化改革，增加投入。推动经营体制机制创新，鼓励渔农民以水面（土地）、资金、渔船入股形式组建专业合作社或者休闲渔业企业，建立利益共享机制，把休闲渔业发展成

为带动渔业增效、渔民增收、渔区振兴的创业创新平台。加大财政支持休闲渔业发展力度，拓宽休闲渔业融资渠道，鼓励引导民营资本（社会资本）通过“公司＋基地”“公司＋合作社＋农户”等形式发展休闲渔业，引导渔民参与休闲渔业利益分配，不断提高渔民的资产性、工资性收益。

④坚持标准，重视监测。根据休闲渔业的不同类型，研究制定垂钓、体验式捕鱼、水上餐饮等操作规范及服务标准，引导休闲渔业经营主体标准化生产、规范化经营。加强休闲渔业发展监测，不断完善指标体系和监测方法，出台推动休闲渔业规范健康发展的指导性文件，引领提高产业发展水平。引导强化品牌建设，整合资源、互补优势，打造一批管理规范、服务标准、带动力好、竞争力强的休闲渔业融合品牌。通过发布全国休闲渔业统一标识并加强管理，带动形成一批有示范性的休闲渔村（休闲渔业主题公园）、休闲渔业文化（会展、赛事）活动、休闲渔业牧场等。培育休闲渔业带头人和管理人才。

⑤安全第一，加强管理。研究制定休闲渔业、休闲渔船管理等规章制度，对休闲渔业及渔船、渔具等投入品的准入条件、经营范围和安全管理等做出明确规定。研究制定从业人员管理规范，加强休闲渔业从业人员培训，提高经营者安全专业素养。积极发挥行业协会自律作用，规范渔船生产、生态安全经营，促进休闲渔业安全持续健康发展。

## 附：线上课程总策划、负责人/本章线上课程教学负责人温海深简介

温海深，中国海洋大学水产学院教授，水产学院副院长，兼国家级水产科学实验教学示范中心主任。山东高校科教兴鲁先锋共产党员、山东省教学名师。国家海水鱼产业技术体系（海鲈种质资源与品种改良）岗位科学家、中国水产流通与加工协会海鲈分会常务副会长兼秘书长、科技部“冷水性鱼类产业创新战略联盟”专家组成员、中国水产学会淡水养殖分会委员、水产生物技术专业委员会委员、鲑鳟鱼专业委员会委员、中国动物学会鱼类学分会理事。

近20年来，先后以花鲈、许氏平鲉、虹鳟、牙鲆、半滑舌鳎等10余种鱼类为对象，侧重研究了这些鱼类繁殖生理机能、生殖调控及品种改良等关键技术，为丰富鱼类生理学内容、鱼类育种与人工繁殖技术的建立提供了科学依据。先后承担国家级、省部级课题20余项，包括“863计划”“国家科技支撑计划”“国家蓝色粮仓科技创新计划”“国家自然科学基金”“国家现代农业产业技术体系”“教育部博士点基金”“山东省农业良种工程”等项目。发表学术论文150余篇，其中SCI收录论文50余篇；主编出版《名特水产动物养殖学》（第三版）、《鱼类繁殖学》《高级水产动物生理学》《水产动物生理学》（第二版）等教材4部，主编出版《海水养殖鲈鱼生理学与繁育技术》《海鲈绿色高效养殖技术与实例》等学术专著。先后获得山东省科技进步三等奖（2012年）、山东省高等学校优秀科研成果（自然科学）三等奖（2009年）、东营市科技合作奖（2017年），获得山东省教学成果一等奖2项、二等奖2项、三等奖1项。

**图书在版编目（CIP）数据**

蓝色粮仓：水产学专业导论/麦康森，温海深主编.—北京：中国农业出版社，2023.12

ISBN 978-7-109-31510-5

Ⅰ.①蓝…　Ⅱ.①麦…②温…　Ⅲ.①渔业—教材—Ⅳ.①S9

中国国家版本馆CIP数据核字（2023）第240274号

---

中国农业出版社出版

地址：北京市朝阳区麦子店街18号楼

邮编：100125

责任编辑：韩　旭

版式设计：王　晨　　责任校对：吴丽婷

印刷：中农印务有限公司

版次：2023年12月第1版

印次：2023年12月北京第1次印刷

发行：新华书店北京发行所

开本：787mm×1092mm　1/16

印张：8.25

字数：200千字

定价：30.00元

---